高等学校计算机类国家级特色专业系列规划教材

网络安全协议 分析与案例实践

赖英旭 田果 刘静 李健 刘丹宁 杨震 编著

清华大学出版社
北 京

内 容 简 介

本书比较全面地介绍了网络安全协议的关键技术和主要应用模式。特别对 VPN 网络的特点、分类及应用模式等方面进行了比较深入的分析和探讨。

本书介绍数据链路层安全协议、网络层安全协议、传输层安全协议、会话层安全协议和应用层安全协议等方面的内容。本书重点阐述了三种常见的 VPN 网络应用模式，并比较详细地介绍了 VPN 网络的工作原理和配置。本书还介绍了网络协议安全性的测试工具，并以应用范例的方式介绍了测试工具的使用方法。

本书通俗易懂，注重可操作性和实用性。采用大量、真实案例讲解安全协议的应用，在真机实验设备上，分步介绍网络安全协议的环境搭建、命令配置、安全性测试等内容。使读者能够举一反三。

本书可作为广大计算机用户、计算机安全技术人员的技术参考书，特别是可用做信息安全、计算机与其他信息学科本科生的配套实验教材。同时，也可用做计算机信息安全职业培训的实验教材。

图书在版编目（CIP）数据

网络安全协议分析与案例实践/赖英旭等编著. —北京：清华大学出版社，2015（2023.3重印）

高等学校计算机类国家级特色专业系列规划教材

ISBN 978-7-302-42268-6

Ⅰ．①网… Ⅱ．①赖… Ⅲ．①计算机网络—安全技术—通信协议—教材 Ⅳ．①TP393.08

中国版本图书馆 CIP 数据核字(2015)第 283627 号

责任编辑：汪汉友　战晓雷
封面设计：傅瑞学
责任校对：梁　毅
责任印制：宋　林

出版发行：清华大学出版社
　　　　　网　　　址：http://www.tup.com.cn，http://www.wqbook.com
　　　　　地　　　址：北京清华大学学研大厦 A 座　　　　　邮　　编：100084
　　　　　社 总 机：010-83470000　　　　　　　　　　　　邮　　购：010-62786544
　　　　　投稿与读者服务：010-62776969，c-service@tup.tsinghua.edu.cn
　　　　　质量反馈：010-62772015，zhiliang@tup.tsinghua.edu.cn
　　　　　课件下载：http://www.tup.com.cn，010-83470236
印 装 者：北京九州迅驰传媒文化有限公司
经　　销：全国新华书店
开　　本：185mm×260mm　　印　　张：8.75　　字　　数：220 千字
版　　次：2015 年 12 月第 1 版　　印　　次：2023 年 3 月第 8 次印刷
定　　价：23.00 元

产品编号：060302-01

前　言

网络存在的目的就是为了能够让合法的用户访问相应的资源,但原有的网络协议存在太多的安全漏洞,在网络上传输的数据非常容易受到各种攻击。本书主要介绍了从数据链路层到应用层安全协议在保证数据传输安全性方面所采取的关键技术,使读者了解安全协议如何在原有协议基础上提供的安全保障。同时,本书作为《网络安全协议》一书的实验指导书,由北京工业大学计算机学院网络安全教学团队与 Yeslab 公司资深工程师共同编写,书中采用大量案例讲解安全协议的应用,同时,在真机实验设备上,分步介绍网络安全协议的环境搭建、命令配置、安全性测试等内容。

本书分为 7 章,具体内容如下:

第 1 章:基础知识与物理安全。主要介绍了信息安全的三个要点、网络拓扑常用模型、网络设备管理方法,以及物理安全的一些建议,使读者清晰地了解网络基础架构安全、网络协议安全的重要性。

第 2 章:数据链路层安全与相关特性。本章先介绍了原有数据链路层协议的安全问题,为了增强数据链路层协议的安全性,本章以应用实例着重介绍了局域网数据链路层安全威胁及防御方法。

第 3 章:网络层安全与 IPSec VPN。本章详细地介绍了网络安全协议 IPSec 的体系结构,IPSec 所包含的安全协议、安全联盟和密钥交换等关键技术。然后又以实例介绍了经典站点到站点 IPSec VPN、经典 DMVPN,给出了网络拓扑、实际接线图已经主要配置命令。

第 4 章:传输层安全与 SSL VPN。本章详细分析传输层安全协议 SSL 的握手协议和记录协议。介绍了 SSL VPN 的三种连接方式,并与 IPSec VPN 做了对比分析。最后,给出了经典瘦客户端 SSL VPN 的配置命令和测试步骤。

第 5 章:会话层安全与 SSH。本章介绍了会话层安全协议 SSH 的主要安全机制、SSH 身份认证协议和 SSH 连接协议。为了使读者对 SSH 协议的应用理解得更加深入,还对 SSH 的典型应用案例进行了介绍。

第 6 章:通过 ASA 实现 VPN 连接。本章介绍如何通过实际设备 ASA 构建站点到站点 IPSec VPN,给出了实验拓扑和配置命令;如何通过 ASA 实现无客户端的 SSL VPN,给出了实验拓扑和配置命令。

第 7 章:AVISPA 安全协议分析工具分析。本章介绍了安全协议分析的重要工具——AVISPA。本章重点讲述了 AVISPA 的工具概述和使用方法,并根据范例介绍了分析工具的使用和结果分析。

本书由北京工业大学的赖英旭、刘静和 Yeslab 公司资深工程师田果、刘丹宁共同编写,其中第 1、3、7 章由赖英旭编写,第 4、5 章由田果编写,第 6 章由刘静编写,第 2 章由刘丹宁、杨震编写。全书最后由赖英旭和田果统稿,李健审定。

本书的研究和编写工作受到教育部"卓越工程师人才培养计划"资助。本书从各种论文、书刊、期刊以及互联网中引用了大量的资料，在文字的录入和整理中，得到了李健老师的帮助，在此谨向他们表示衷心感谢。

由于时间和水平有限，难免有误，恳请读者批评指正，使得本书得以改进和完善。

作　者

2015 年 8 月于北京

目　录

第1章 基础知识与物理安全

1.1 信息安全三要点

自从互联网延伸到最初的几所高校之外,针对它的恶意使用便层出不穷。在早期,由于网络的安全性问题尚未引起人们的广泛关注,因此很多与网络基础架构有关的协议并不具备相应的安全保护措施。最近几年,尽管已经没有人能够忽视网络安全的重要性,但伴随着移动时代和云时代的到来,信息所在的位置变得越来越模糊,因此,在边界部署安全策略这一传统做法就会显得捉襟见肘,于是,如何更好地保护无边界网络成为又一大困扰人们的课题。

图 1-1 CIA 三原则

网络的攻击方式固然林林总总,但信息安全的核心原则却可以概括为私密性(Confidentiality)、完整性(Integrity)与可用性(Availability)三点。有人取三个单词的英文首字母,将其称为信息安全的 CIA 三原则或 CIA 三要点,如图 1-1 所示。

1.1.1 私密性

破坏信息的私密性是最为常见的攻击方式,这类攻击方式可以泛称为窃取。心怀鬼胎的人通过各种方式获取通信双方之间传递的敏感信息,并利用这些信息对信息的失窃者予取予夺,如图 1-2 所示。

图 1-2 窃取敏感信息

为了保障通信的私密性,最常见的手段是对穿越公共媒介的数据进行加密。这可以让敏感信息对非授权人员变得"不可读",使非法窃取信息的人无从利用这些信息,如图 1-3 所示。

由于机密性在网络安全中扮演的角色极其重要,很多人甚至会认为实现了信息的机密性就等同于实现了网络安全,这种认识当然有失偏颇。从网络安全的核心原则来看,信息的完整性与可用性对于实现通信安全扮演着同样重要的角色。

1.1.2 完整性

完整性是指信息在传输过程中没有遭到如图 1-4 所示的篡改。换言之,如果信息是完

图 1-3　通过加密保障通信的私密性

整的,就表明信息接收者获得的信息与原始信息别无二致。

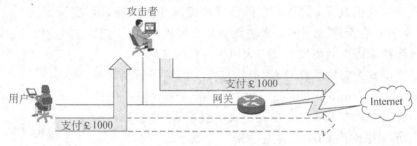

图 1-4　攻击者篡改通信信息

在图 1-4 中,攻击者借助中间人攻击截取了用户发往网关的信息,并对该信息进行了篡改(在第 2 章会介绍一些攻击者在局域网中创造中间人攻击环境的手段)。

为了保障接收到的信息是可靠的,通信双方可以对信息进行完整性校验。通过完整性校验,接收方可以发觉自己接收到的信息遭到了篡改,并立即采取措施。

1.1.3　可用性

网络存在的目的就是为了能够让合法的用户可以访问相应的资源,让合法用户无法访问数据的攻击方式一般称为拒绝服务(DoS)攻击。顾名思义,若网络由于攻击者发起的攻击而拒绝为合法用户提供服务,那么这个攻击者就破坏了网络的可用性。

实现拒绝服务攻击的方式有很多,除了设法耗尽资源之外,对通信的一方或双方进行欺骗,也是实现拒绝服务的一种常见方法。

表面上看,中断服务对用户造成的影响似乎并不如窃取或篡改用户信息造成的影响恶劣,但发起拒绝服务攻击的门槛较低,没有专业技能的人也可以轻易做到;此外,窃取和篡改信息往往是针对个别用户所进行的攻击,而拒绝服务攻击则往往会造成大量用户无法获取服务,进而对多项业务的开展造成严重影响,因此同样不可小觑。

1.2　常用基本概念

1.2.1　OSI 模型

OSI 模型是国际标准化组织提出的网络互联框架,全称为开放式系统互连参考模型。

由于 OSI 七层模型构成了本书的重要线索,因此有必要对其进行简要的回顾。

在 OSI 模型中,下层是上层的基础和依托,如果下层失效,上层便无法工作。OSI 七层模型如图 1-5 所示。

OSI 模型七层的功能在大量材料中都有提及,这里不再赘述。

1.2.2 网络拓扑与物理连接

在实施和维护网络时,必须使用相应网络的拓扑来开展工作。但网络的逻辑拓扑往往与物理连接方式不尽相同。由于高校相关课程往往侧重网络环境的逻辑层面,因此这一点必须特别注意。

图 1-6 展示了一个网络的逻辑拓扑。

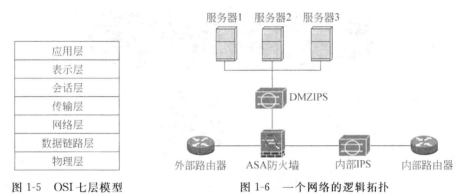

图 1-5 OSI 七层模型   图 1-6 一个网络的逻辑拓扑

这个网络的实际物理连接有可能与逻辑拓扑相去甚远,如图 1-7 所示。

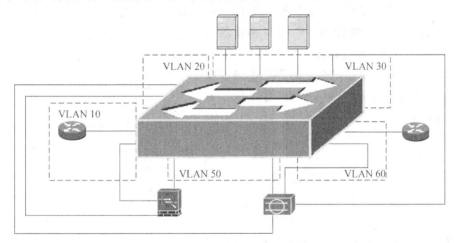

图 1-7 一个网络的物理连接

如图 1-7 所示,逻辑拓扑中的所有设备可能都物理地连接在一台 2 层交换机上,并通过划分 VLAN 的方式形成了图 1-6 所示的逻辑网络,但逻辑拓扑中并不会包含这台 2 层交换机。此外,逻辑拓扑中的两台 IPS 也有可能是同一台设备在不同网段中的复用。

在对网络进行安全性设计时,应该参照 1.2.1 节中的 OSI 模型,按照自顶向下的方式,先根据需求设计出逻辑拓扑,然后再根据逻辑拓扑决定设备的实际连接方式。在实施项目时,则必须采取自底向上的方式,先搭建物理连接,然后创建出逻辑拓扑的环境,然后再实施相应的网络需求。

1.2.3　设备的管理方式

管理网络设备有两种方式,即本地管理和远程管理。

1.本地管理

本地管理要求管理员能够在物理上接触到网络设备。管理的方式是将管理设备的计算机与被管理设备的管理端口直接物理相连,然后使用计算机上的虚拟终端程序对设备进行配置。图 1-8 为使用 Console 连接线连接笔记本电脑和交换机,以对交换机进行管理的示意图。

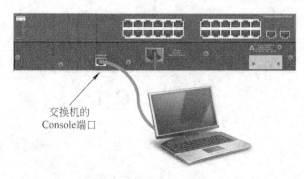

交换机的
Console端口

图 1-8　使用笔记本电脑对交换机进行本地管理

在管理思科网络设备时,传统上,管理员可以通过一根 Console 连接线连接电脑的串行接口,然后依次选择"开始"→"程序"→"附件"→"通讯"→"超级终端",打开 Windows 自带的虚拟终端程序,然后选择与网络设备相连的串口,再按照图 1-9 所示设置该串口属性即可。

但是近来多数超薄笔记本电脑都已不再装配宽大的串行端口,最新的 Windows 操作系统也取消了自带的超级终端程序。在这种情况下,要通过连接网络设备的 Console 端口来对其进行本地管理,就需要购入 USB 转串行端口(RS 232 端口)的转接口,并安装相应的驱动程序,然后再自行下载虚拟终端程序。

2.远程管理

远程管理是指通过远程管理协议对设备发起管理访问。为了实现远程管理,必须先让管理设备能够与被管理设备的管理地址进行通信,而这需要先通过本地管理对被管理设备执行初始化配置。

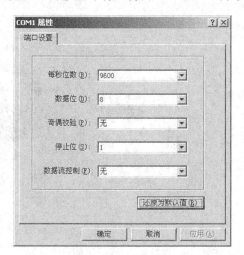

图 1-9　串行端口的设置

最为常用的远程管理协议是 Telnet 协议,但是 Telnet 协议只能提供用户认证,却无法对设备之间的管理信息提供私密性保护。因此,在通过不安全媒介对设备发起远程管理访问时,应先对被管理设备进行预配置,使其只能接受通过安全外壳协议(SSH)发起的安全远程管理访问。关于 SSH 协议,将在第 5 章详细介绍。

大多数思科设备都可以通过两种类型的界面进行管理,即命令行界面(CLI)和图形化(GUI)界面。本书只介绍通过命令行界面管理设备的方式。

1.3 物理安全建议

在一般的网络安全策略中,相比远程管理用户,本地管理用户需要提供的身份认证往往要少一些。而且,为了避免合法的用户因为忘记密码而无法管理设备,网络设备大都为那些能够在物理上接触到设备的用户提供了密码恢复的机制。

注意:在有些思科公司生产的设备上,可以通过命令 no service password-recovery 禁止用户通过冷启动设备进入 ROMMON 模式,并修改寄存器值的方式来重设 enable 密码。这种做法虽然可以在一定程度上提高安全性,但管理员一旦忘记 enable 密码需要付出的代价则惨痛得多。权衡利弊,建议不要轻易使用这条命令。提高物理环境的安全性,让恶意用户无法接近设备方为上上之策。

除了设备之外,线缆安全同样值得关注。具备窃听工具的入侵者如果能够接触到线缆(无论非屏蔽双绞线还是光纤),就可以对其中的信息进行窃听。当然,从介质的传输原理也不难发现,相比双绞线,窃听光纤的难度要大得多,而且会造成正常传输数据的中断,因此窃听行为也更容易被发现。

即使入侵者不具备任何技术能力,他/她只要能够在物理上接触到设备,就可以绕过逻辑层面,直接对设备发起"物理攻击"(哪怕只是拔掉设备的数据线或电源线,造成的"拒绝服务"攻击也比通过泛洪数据包要有效和直接得多)。总之,通过物理方式造成的破坏,是用任何逻辑策略都无法消弭的。因此,只要入侵者能够轻易地摸到设备外面的那层铁壳,许多逻辑层面的安全技术也就形同虚设。尽管物理安全与网络技术关系不大,但物理安全绝对是网络安全的基本前提。

综上所述,为了让恶意用户难于接触到网络设备,应该对设备所在的机房安装指纹认证系统。这可以防止居心叵测之徒通过窃取机房的钥匙或门禁卡进入机房。如果不具备安装指纹系统的条件,至少要选择安装门禁卡。门禁卡比门锁更可靠,因为一旦有员工离职,离职的员工在交还钥匙之前有可能为自己配一把钥匙,有了门禁卡即使离职的员工未交还钥匙,也无法再顺利进入机房。

此外,虽然很少有机房做到这一点,但最理想的做法是在机房安装感应式闸门或十字转门,否则指纹认证和门禁卡都无法防止有人尾随合法用户进入机房。

保障网络基础设施的物理安全是一项繁杂而艰巨的工作,方式方法不胜枚举,也难以在书中一一尽数,因此这里仅提供有限的几点参考意见,希望能够抛砖引玉,让物理安全得到重视。

思　考　题

1. 请尝试使用 Microsoft Visio 画出图 6-5 所示的逻辑拓扑在实验室环境中可能的物理拓扑结构。

2. 请通过查询相关资料,简述在本地恢复某型号网络设备密码的步骤,不限设备厂商。并请尽可能创造条件,通过实验对这一过程进行测试。

第2章　数据链路层安全与相关特性

2.1　局域网中常见的二层威胁与防御技术

在数据传输的过程中,数据链路层下启物理层,上承网络层,重要性不言而喻。然而,由于数据链路层看似总是能够正常工作,因此这一层的安全性常常为人们所忽视,这使得数据链路层成为网络中安全性最薄弱的环节,针对这一层的攻击方式也层出不穷。作为OSI模型中的第二层,网络层及更高层的信息都需要封装进某种二层数据帧中,因此如果数据链路层不能得到有效的保护,让攻击者可以干扰二层数据的转发,那么网络层及以上无论采取什么安全策略也都无济于事。

根据美国联邦调查局2005年发布的一份与计算机犯罪和安全有关的报告,在所有针对企业网络的攻击中,有70%来自内部网络。但现状是,企业针对网络安全的投资大都用于防护来自公共网络的攻击,更为重要的内部网络安全反而成为人们的盲点。

由于网络层及以上的安全技术多用于防御来自公共网络的攻击,而针对数据链路层的攻击却几乎都是在局域网中发起的,因此本章对局域网中一些常见的数据链路层攻击进行介绍,并推荐一些思科交换机上能够缓解这些攻击的安全特性。

2.1.1　CAM表溢出攻击与端口安全

1. CAM表简述

交换机可以将数据帧通过与其目的MAC地址设备相连的那个端口转发出去。这一点与集线器只能将数据通过其所有的接口广播出去的行为明显不同。

交换机这种有针对性的转发行为需要依赖CAM表来实现。在初始状态下,这张转发表为空,此时,交换机并不知道各个设备与端口的连接关系。而当与交换机相连的设备向交换机发送数据帧时,交换机就会立刻将数据帧的源MAC地址与接收到该数据帧的端口作为一个条目保存到CAM表中。图2-1和图2-2分别为CAM表的初始状态和交换机接收到第一个数据帧之后CAM表的状态。

一旦交换机拥有了图2-2中的CAM表条目,它就会在该条目失效之前,将目的MAC地址为A的数据帧通过端口Fa0/3转发出去。

2. CAM表溢出攻击

显然,CAM表需要占用交换机的内存资源,因此它的容量不可能是无限的,一般来说,CAM表能够保存的条目为数千条到数十万条不等。当CAM表中保存的条目已满时,如果交换机接收到了以CAM表中没有记录的MAC地址作为目的地址的数据包,它就会像集线器一样将该数据帧通过(该VLAN内的)所有端口进行泛洪。因此,如果攻击者想要接收自己所在VLAN中的所有数据帧,只需设法用不同的MAC地址将CAM填满即可,如图2-3所示。

图2-3为一个CAM表容量为8000个条目的交换机遭到了CAM表溢出攻击的情形。

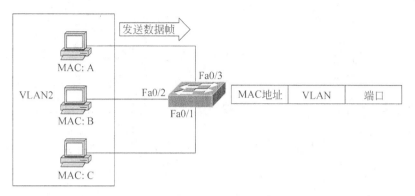

图 2-1　CAM 表初始状态

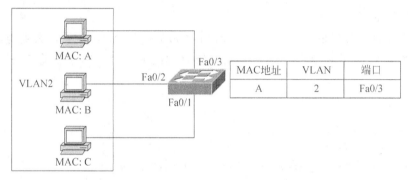

图 2-2　交换机接收到一个数据帧后的 CAM 表状态

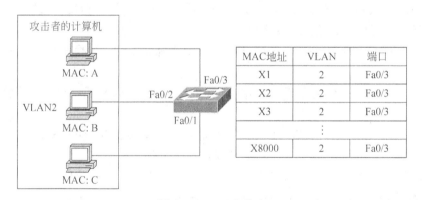

图 2-3　CAM 表溢出

此时,若 MAC 地址为 C 的计算机向 MAC 地址为 B 的计算机发送数据帧,攻击者的计算机也可以接收到这个数据帧,这是因为交换机 CAM 表中并没有保存与 MAC 地址 B 相对应的端口,因此交换机会在该 VLAN 的所有端口泛洪这个数据帧,如图 2-4 所示。

注意:虽然交换机不会跨 VLAN 泛洪数据帧,但一旦交换机的 CAM 表被攻击者伪造的 MAC 地址占满,交换机也就无法通过属于其他 VLAN 的接口学习其相连设备的 MAC 地址信息。因此,一个 VLAN 遭到 CAM 表溢出攻击,也会导致交换机在其他 VLAN 中泛洪本 VLAN 的数据帧。

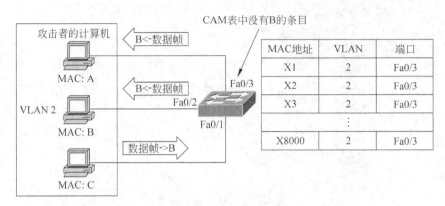

图 2-4　交换机泛洪数据帧

3. 防御策略

Cisco 交换机所提供的一种称为端口安全的(port security)特性可以有效地防止这种攻击,这种特性可以限制交换机通过一个端口接收到的源 MAC 地址数量,其命令如例 2-1 所示。

例 2-1　端口安全的配置

```
Switch(config)# int fa 0/3
Switch(config-if)# switchport port-security
Switch(config-if)# switchport port-security maximum 5
```

端口安全默认的最大 MAC 地址数量为 1,管理员可以通过命令 switchport port-security maximum *number* 手动修改最大 MAC 地址数量,如果管理员手动指定的数量也是 1,那么在运行配置中就看不到这条命令。

如果网络中出现了违背(violation)端口安全策略的行为,交换机可以执行以下 3 种行为:

- protect:交换机会丢弃所有源 MAC 地址未知的数据帧,但不会为此发送任何通告消息。
- restrict:交换机会丢弃所有源 MAC 地址未知的数据帧,同时发送 SNMP trap 消息,并将 violation counter(违背计数器)的数量加 1。
- shutdown:交换机让该端口进入 err-disabled 状态。此时,相应端口不会再收发任何数据帧,设备上相应端口的 LED 灯也会熄灭,同时交换机会发送 SNMP trap 消息,并将 violation counter(违背计数器)的数量加 1。

交换机行为的配置命令为 switchport port-security violation <action>,在上述 3 个行为中,交换机默认的行为是 shutdown。

例 2-2 为设置交换机的违背行为。

例 2-2　设置端口安全的违背行为

```
Switch(config-if)# switchport port-security violation protect
```

安全端口特性支持在交换机端口上向 CAM 表中静态配置 MAC 地址,也支持动态学习 MAC 地址。在默认情况下,静态配置的 MAC 地址不仅会保存进 CAM 表中,同时也会记录到配置文件中;而动态学习的 MAC 地址则只会保存进 CAM 表中,一旦交换机重启,就需要重新学习这些 MAC 地址。如果管理员希望动态学习的 MAC 地址也被保存进交换机的运行配置中,可以使用命令 switchport port-security mac-address sticky 来实现这一功能。

在默认情况下,安全地址列表中的 MAC 地址是不会老化的(无论是通过动态还是静态获得的安全 MAC 地址),但是管理员可以通过 switchport port-security aging 命令来修改这种行为,这条命令可以使用以下关键字:

(1) time:设定这个端口安全 MAC 地址老化的时间,范围是 0~1440 分钟。若设置为 0,表示该端口的安全 MAC 地址不会老化。

(2) type:设定地址老化的方式。地址老化有两种类型:

- absolute:若类型设置为 absolute,那么安全 MAC 地址在经过这一段时间后就会老化。
- inactivity:若类型设置为 inactivity,那么安全 MAC 地址只有在超过这一段时长没有发起流量时才会老化。

(3) static:设定这个端口下静态配置的安全地址会老化。

例 2-3 为地址老化的配置示例,在这个示例中,管理员规定了安全地址超过 5 分钟没有发送流量就会老化,同时静态配置的安全地址也会老化。

例 2-3 安全地址老化的配置

```
Switch(config-if)# switchport port-security aging time 5
Switch(config-if)# switchport port-security aging type inactivity
Switch(config-if)# switchport port-security aging static
```

命令 show port-security 可以查看与端口安全有关的信息,如例 2-4 所示。

例 2-4 查看端口安全汇总信息

```
Switch# show port-security
Secure Port MaxSecureAddr CurrentAddr SecurityViolation Security Action
            (Count)       (Count)     (Count)
-------------------------------------------------------------------------
   Fa0/3       5             5            0          Protect
-------------------------------------------------------------------------
Total Addresses in System (excluding one mac per port):      4
Max Addresses limit in System (excluding one mac per port):  5120
```

此外,如果希望查看某个特定端口下的端口安全信息,可以使用命令 show port-security interface 来实现,如例 2-5 所示。

例 2-5 查看某个端口与端口安全有关的信息

```
Switch# show port-security interface fastEthernet 0/3
Port Security              : Enabled
Port Status                : Secure-up
Violation Mode             : Protect
Aging Time                 : 5 mins
```

```
Aging Type                   : Inactivity
SecureStatic Address Aging   : Enabled
Maximum MAC Addresses        : 5
Total MAC Addresses          : 5
Configured MAC Addresses     : 0
Sticky MAC Addresses         : 0
Last Source Address: Vlan    : 6607.2717.6fe0:2
Security Violation Count     : 0
```

注意：通过上述命令，可以查看到该端口下是否启用了端口安全、违反安全策略的动作、老化时间、老化类型、安全静态地址是否老化、最大 MAC 地址数量、sticky MAC 地址数量、违反安全策略的次数等信息。

命令 show mac-address-table 和 show port-security address 可以查看 MAC 地址列表和安全 MAC 地址列表中的信息，如例 2-6 所示。

例 2-6 查看 MAC 地址列表

```
Switch# show mac address-table
          Mac Address Table
-------------------------------------
Vlan   Mac Address       Type      Ports
----   ---------------   --------  -----
All    0014.6948.c900    STATIC    CPU
All    0014.6948.c901    STATIC    CPU
All    0014.6948.c902    STATIC    CPU
All    0014.6948.c903    STATIC    CPU
All    0014.6948.c904    STATIC    CPU
All    0014.6948.c905    STATIC    CPU
All    0014.6948.c906    STATIC    CPU
All    0014.6948.c907    STATIC    CPU
All    0014.6948.c908    STATIC    CPU
All    0014.6948.c909    STATIC    CPU
All    0014.6948.c90a    STATIC    CPU
All    0014.6948.c90b    STATIC    CPU
All    0014.6948.c90c    STATIC    CPU
All    0014.6948.c90d    STATIC    CPU
All    0014.6948.c90e    STATIC    CPU
All    0014.6948.c90f    STATIC    CPU
All    0014.6948.c910    STATIC    CPU
All    0014.6948.c911    STATIC    CPU
All    0014.6948.c912    STATIC    CPU
All    0014.6948.c913    STATIC    CPU
All    0014.6948.c914    STATIC    CPU
All    0014.6948.c915    STATIC    CPU
All    0014.6948.c916    STATIC    CPU
All    0014.6948.c917    STATIC    CPU
```

```
All     0014.6948.c918    STATIC    CPU
All     0014.6948.c919    STATIC    CPU
All     0014.6948.c91a    STATIC    CPU
All     0100.0c00.0000    STATIC    CPU
All     0100.0ccc.cccc    STATIC    CPU
All     0100.0ccc.cccd    STATIC    CPU
All     0100.0ccd.cdce    STATIC    CPU
All     0180.c200.0000    STATIC    CPU
All     0180.c200.0001    STATIC    CPU
All     0180.c200.0002    STATIC    CPU
All     0180.c200.0003    STATIC    CPU
All     0180.c200.0004    STATIC    CPU
All     0180.c200.0005    STATIC    CPU
All     0180.c200.0006    STATIC    CPU
All     0180.c200.0007    STATIC    CPU
All     0180.c200.0008    STATIC    CPU
All     0180.c200.0009    STATIC    CPU
All     0180.c200.000a    STATIC    CPU
All     0180.c200.000b    STATIC    CPU
All     0180.c200.000c    STATIC    CPU
All     0180.c200.000d    STATIC    CPU
All     0180.c200.000e    STATIC    CPU
All     0180.c200.000f    STATIC    CPU
All     0180.c200.0010    STATIC    CPU
  1     0003.e385.eba0    DYNAMIC   Fa0/1
  1     000a.8a84.32c0    DYNAMIC   Fa0/1
  1     000a.8a84.32c1    DYNAMIC   Fa0/1
  1     000c.ce84.7180    DYNAMIC   Fa0/2
  1     000c.ce84.7182    DYNAMIC   Fa0/2
  1     0016.9d41.4e40    DYNAMIC   Fa0/1
  2     000c.2937.1b1e    DYNAMIC   Fa0/3
  2     3a60.d77c.2a72    DYNAMIC   Fa0/3
  2     3c0d.a467.c74a    DYNAMIC   Fa0/3
  2     5480.183a.8ae1    DYNAMIC   Fa0/3
  2     f0de.f10e.580e    DYNAMIC   Fa0/3
100     000a.8a84.32c1    DYNAMIC   Fa0/1
Switch# show port-security address
            Secure Mac Address Table
-----------------------------------------------------------------------
Vlan    Mac Address        Type          Ports    Remaining Age
                                                     (mins)
----    ---------------    --------------    -----    -------------
2       000c.2937.1b1e    SecureDynamic    Fa0/3    2 (I)
2       3a60.d77c.2a72    SecureDynamic    Fa0/3    2 (I)
2       3c0d.a467.c74a    SecureDynamic    Fa0/3    2 (I)
```

```
2          5480.183a.8ae1    SecureDynamic    Fa0/3        2 (I)
2          f0de.f10e.580e    SecureDynamic    Fa0/3        4 (I)
----------------------------------------------------------------------
Total Addresses in System (excluding one mac per port)    : 4
Max Addresses limit in System (excluding one mac per port)  : 5120
```

2.1.2　操纵生成树协议与 BPDU 防护技术

1. STP 简述

如前所述,若交换机接收到一个数据帧,而其 CAM 表中没有这个数据帧目的 MAC 地址的记录,交换机就会通过这个 VLAN 中的其余所有端口来转发这个数据帧。这种简单的行为在存在冗余的二层链路中却有可能因为设备之间不断循环转发相同的数据而产生广播风暴或 MAC 地址翻动的问题,对网络造成严重影响。

为了防止这种情况的发生,STP 协议应运而生。这种协议可以通过阻塞一部分端口,进而获得一个无环的树形拓扑。因此它可以在物理上保留冗余链路的同时,避免产生逻辑上的环路。

STP 会通过下列步骤来获得无环的逻辑拓扑:

(1) 选举 1 个根网桥。根网桥即整个树形拓扑的参考点。根网桥的选举是通过比较各个交换机的网桥 ID 来实现的,其中网桥 ID 数值最低的交换机即成为根网桥。网桥 ID 由优先级和 MAC 地址两部分组成。优先级为一个 0~65 535 之间的整数,在网桥 ID 中,优先级处于高位,因此优先级较低的交换机会被选举为根网桥;优先级相等时,MAC 地址较小的交换机会被选举为根网桥。

(2) 选择各非根网桥的根端口。STP 协议会在每个非根网桥上选择 1 个根端口,这个根端口可以发送和接收流量。原则上,STP 会选择非根网桥到根网桥的开销最低的端口作为根端口。但是,如果非根网桥到根网桥之间存在多条等价路径,那么 STP 就会通过比较网桥 ID、端口 ID(由优先级和端口编号组成)等其他参数来确定非根网桥的根端口。

(3) 选择各个网段的指定端口。在为每台非根网桥选择 1 个根端口之后,STP 还会为每个网段分别选择一个指定端口。首先,根网桥上所有的端口都会成为指定端口;其次,在还没有指定端口的网段中,STP 还会通过比较各端口的开销、网桥 ID、端口 ID 来选择出一个指定端口,其余端口则会成为非指定端口,而非指定端口就是为了避免逻辑环路而阻塞的那个端口。

STP 协议是通过桥协议数据单元(BPDU)来判断根网桥、根端口和指定端口的,BPDU 中会包含前文提到的网桥 ID 等信息。交换机在启动后,就会立刻开始发送 BPDU 数据帧,试图让自己成为根网桥。

2. 操纵生成树协议

STP 协议虽然可以构建无环的树形拓扑,但这种协议缺乏可靠的认证机制。在默认情况下,一旦交换机接收到更优的 BPDU,它就会信任这个 BPDU,并向其他端口转发该 BPDU。换言之,如果攻击者能够制造出一个 BPDU,其中包含比当前根网桥数值更低的网桥 ID,并将该 BPDU 发送给当前网络中的另一台交换机,那么攻击者的设备就会赢得根网桥的选举,成为根网桥,如图 2-5 和图 2-6 所示。

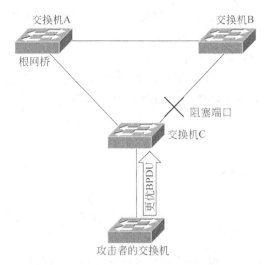

图 2-5 攻击者插入一台交换机

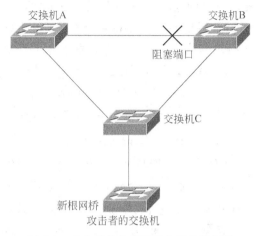

图 2-6 攻击者的交换机成为新的根网桥

由于根网桥是树形拓扑的参考点,因此接管根网桥就意味着攻击者可以获得很多重要的信息。

3. BPDU 防护

一般来说,由于 PC、打印机等终端设备位于网络的末端,它们不会造成环路,也不应参与根网桥的选举,因此不会生成 BPDU 信息。

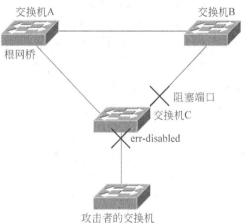

图 2-7 接收到 BPDU 的端口进入 err-disabled 状态

BPDU 防护(BPDU guard)这种机制适宜部署在连接这类终端设备的接入端口(access port)上,由于这类设备在正常情况下不会发送 BPDU,因此配置了 BPDU 防护的接入端口一旦接收到 BPDU 消息,就会立刻进入 err-disabled 状态,此时该端口即相当于被禁用,如图 2-7 所示。

在端口配置模式下配置 BPDU 防护的方式如例 2-7 所示。

例 2-7 在端口下配置 BPDU 防护

```
SwitchC(config)# int fa 0/3
SwitchC(config-if)# spanning-tree bpduguard enable
```

一旦配置了 BPDU 防护的端口接收到 BPDU 消息,交换机就会显示如下信息:

```
%SPANTREE-2-BLOCK_BPDUGUARD: Received BPDU on port FastEthernet0/3 with BPDU Guard
enabled. Disabling port.
%PM-4-ERR_DISABLE: bpduguard error detected on 0/3, putting 0/3 in err-disable state
%LINK-5-CHANGED: Interface FastEthernet0/3, changed state to administratively down
%LINEPROTO-5-UPDOWN: Line protocol on Interface FastEthernet0/3, changed state
to down
```

err-disabled 这一状态在端口安全技术中已经出现过,对于进入了 err-disabled 模式的端口,可以通过两种方式使其重新开放:

- 手动关闭(shutdown)再手动开启(no shutdown)该端口。
- 在全局配置模式下为由于 BPDU 防护而进入 err-disabled 状态的端口设定一个自动恢复计时器,让进入 err-disabled 状态的端口在经历一段时间后自动恢复,这种方式的配置方法如例 2-8 所示。

例 2-8 配置 errdisable 自动恢复时间

```
SwitchC(config)# errdisable recovery cause bpduguard
SwitchC(config)# errdisable recovery interval 60
```

如例 2-8 所示,为由于 BPDU 防护功能而进入 err-disabled 状态的端口设置了 1 分钟的自动恢复时间。自动恢复时间的取值范围为 30~86 400 秒。

注意:在全局配置模式下输入命令 spanning-tree portfast bpduguard 可以在交换机所有使用了 Portfast 特性的端口上启用 BPDU 防护特性。Portfast 的作用是可以让接入端口跳过监听(listening)和学习(learning)两个状态,直接进入转发状态。在过去一些版本的 IOS 系统中,要想在端口模式下配置 BPDU 防护,也要求该端口启用了 Portfast 特性。STP 端口状态机的讨论超出了本书的范畴,建议读者阅读《路由与交换技术》[①],来了解与 STP 端口状态机和 Portfast 特性有关的内容。

通过命令 show interface 或命令 show interfaces status 可以看到端口进入了 err-disabled 状态,如例 2-9 所示。

例 2-9 查看端口的状态

```
SwitchC# show interfaces fa0/3
FastEthernet0/3 is down, line protocol is down (err-disabled)
    Hardware is Fast Ethernet, address is 0014.6948.c903 (bia 0014.6948.c903)
    MTU 1504 bytes, BW 100000 Kbit, DLY 100 usec,
        reliability 255/255, txload 1/255, rxload 1/255
    Encapsulation ARPA, loopback not set
    Keepalive set (10 sec)
    Auto-duplex, Auto-speed, media type is 10/100BaseTX
    input flow-control is off, output flow-control is unsupported
    ARP type: ARPA, ARP Timeout 04:00:00
    Last input 00:01:53, output 00:01:53, output hang never
    Last clearing of "show interface" counters never
    Input queue: 0/75/0/0 (size/max/drops/flushes); Total output drops: 0
    Queueing strategy: fifo
    Output queue: 0/40 (size/max)
    5 minute input rate 0 bits/sec, 0 packets/sec
    5 minute output rate 0 bits/sec, 0 packets/sec
        682 packets input, 76962 bytes, 0 no buffer
```

---

① 刘静,赖英旭,杨胜志,等. 路由与交换技术. 北京:清华大学出版社,2013.

```
                  Received 406 broadcasts (0 multicasts)
                  0 runts, 0 giants, 0 throttles
                  0 input errors, 0 CRC, 0 frame, 0 overrun, 0 ignored
                  0 watchdog, 330 multicast, 0 pause input
                  0 input packets with dribble condition detected
                  2617 packets output, 367830 bytes, 0 underruns
                  0 output errors, 0 collisions, 5 interface resets
                  0 babbles, 0 late collision, 0 deferred
                  0 lost carrier, 0 no carrier, 0 PAUSE output
                  0 output buffer failures, 0 output buffers swapped out
```

导致端口进入 err-disabled 状态有很多原因,在后文中还会介绍其中的一部分原因。命令 show interfaces status err-disabled 可以是查看什么原因导致端口进入 errdisabled 状态,如例 2-10 所示。

例 2-10 查看导致端口进入 err-disabled 状态的原因

```
SwitchC# show interfaces status err-disabled

Port        Name        Status        Reason        Err-disabled Vlans
Fa0/3                   err-disabled  bpduguard
```

命令 show errdisable detect 可以查看哪些原因可以导致端口进入 err-disabled 的状态,如例 2-11 所示。

例 2-11 查看导致端口进入 err-disabled 状态的原因

```
SwitchC# show errdisable detect
ErrDisable Reason         Detection      Mode
--------------------      ----------     ----
arp-inspection            Enabled        port
bpduguard                 Enabled        port
channel-misconfig         Enabled        port
community-limit           Enabled        port
dhcp-rate-limit           Enabled        port
dtp-flap                  Enabled        port
ekey                      Enabled        port
gbic-invalid              Enabled        port
invalid-policy            Enabled        port
l2ptguard                 Enabled        port
link-flap                 Enabled        port
link-monitor-failure      Enabled        port
loopback                  Enabled        port
lsgroup                   Enabled        port
oam-remote-failure        Enabled        port
mac-limit                 Enabled        port
pagp-flap                 Enabled        port
port-mode-failure         Enabled        port
```

```
psecure-violation        Enabled        port/vlan
security-violation       Enabled        port
sfp-config-mismatch      Enabled        port
storm-control            Enabled        port
udld                     Enabled        port
unicast-flood            Enabled        port
vmps                     Enabled        port
```

如例 2-11 所示,各个原因导致 err-disabled 状态的设置默认都是启用(Enabled)的。

命令 show errdisable recovery 可以查看因哪些原因导致进入 err-disabled 状态的端口可以自动从该状态中恢复过来,如例 2-12 所示。

例 2-12 查看哪些原因导致的 err-disabled 状态可以自动回复

```
SwitchC# show errdisable recovery
ErrDisable Reason          Timer Status
------------------         -------------
arp-inspection             Disabled
bpduguard                  Enabled
channel-misconfig          Disabled
dhcp-rate-limit            Disabled
dtp-flap                   Disabled
gbic-invalid               Disabled
l2ptguard                  Disabled
link-flap                  Disabled
mac-limit                  Disabled
link-monitor-failure       Disabled
loopback                   Disabled
oam-remote-failure         Disabled
pagp-flap                  Disabled
port-mode-failure          Disabled
psecure-violation          Disabled
security-violation         Disabled
sfp-config-mismatch        Disabled
storm-control              Disabled
udld                       Disabled
unicast-flood              Disabled
vmps                       Disabled


Timer interval: 60 seconds


Interfaces that will be enabled at the next timeout:


Interface    Errdisable reason      Time left(sec)
----------   -------------------    --------------
Fa0/3        bpduguard              43
```

如例2-12所示，只有因BPDU防护而进入err-disabled状态的端口才能自动恢复，这是刚刚在自动恢复部分配置的结果。其余诸项则仍保持系统默认的状态，即禁用（Disabled）自动恢复。

2.1.3 DHCP 耗竭、DHCP 欺骗与 DHCP snooping

1. DHCP 简介

DHCP 的作用是为客户端动态分配 IP 地址，该协议定义在 RFC 2131 和 RFC 2132 中。简而言之，DHCP 协议的操作步骤如下：

步骤 1：客户端发送一个 DHCPDISCOVER（DHCP 发现）广播消息来寻找 DHCP 服务器。

步骤 2：DHCP 服务器通过 DHCPOFFER 向客户端提供一些配置参数（如 IP 地址、MAC 地址、域名以及 IP 地址的租期）。

步骤 3：客户端为使用那个（通过 DHCPOFFER 消息）提供给它的 IP 地址而向 DHCP 服务器返回正式请求。

步骤 4：DHCP 服务器向客户端发送 DHCPACK 消息，允许将该 IP 地址分配给客户端。

上述过程如图 2-8 所示。

图 2-8 DHCP 的工作方式

2. DHCP 耗竭

值得注意的是，这个协议与 STP 一样缺乏认证机制，无论客户端还是服务器都不需要证明自己的身份。也就是说，服务器会无条件信任客户端发来的消息，客户端也会无条件信任服务器提供的地址信息，这就给攻击者伪装身份提供了可乘之机。

针对 DHCP 的一种攻击方式是入侵者将自己伪装成 DHCP 客户端，向服务器大量请求地址，由于 DHCP 服务器无法辨明客户端的真假，因此它会将自己所有的地址全部租借出去，导致其 IP 地址全部耗尽，于是新连接进网络的客户端就会无地址可用，达到拒绝服务的攻击效果。

3. DHCP 欺骗

DHCP 欺骗则是攻击者将自己伪装成 DHCP 服务器，向客户端提供地址信息。DHCP 服务器分配给客户端的信息主要包括 IP 地址、子网掩码、网关、DNS 服务器地址、租期等。攻击者通过将自己伪装成 DHCP 服务器，就可以按照自己的需求向 DHCP 客户端发送相关信息。因此，通过 DHCP 欺骗实现的攻击多以信息劫持为目的。例如，攻击者可以将

DNS 服务器指定为自己设置的流氓 DNS 服务器地址,进而通过这些 DNS 服务器实现 DNS 劫持;或者,攻击者可以将网关地址指定为自己的地址,引诱客户端将所有去往网关的信息都发送给自己,再由自己转发给真正的网关设备,以此实现中间人攻击,如图 2-9 所示。

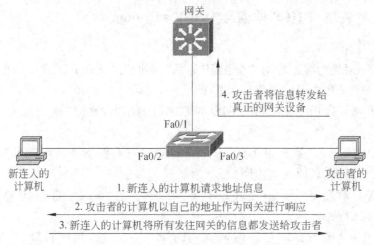

图 2-9　DHCP 欺骗攻击示例

图 2-10 为遭受攻击的计算机此后发送给网关的数据所行经的路径示意图。

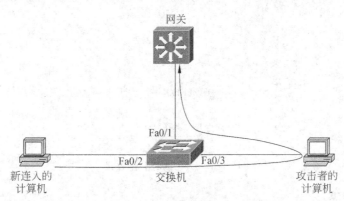

图 2-10　DHCP 欺骗攻击的结果

当然,当客户端接入网络并试图发现(discover)DHCP 服务器时,真正的 DHCP 服务器也会作出响应,并提供真实的地址信息。但为了保障地址不会频繁翻动,客户端一般会使用自己第一个获得的地址信息来进行通信。在许多网络中,DHCP 服务器并不位于本地网络之中,而是通过 DHCP 中继(DHCP relay)执行信息转发,因此真正的 DHCP 服务器的响应速度常常会慢于本地网络中的伪装者。

此外,攻击者也可以先耗尽 DHCP 服务器的地址池,然后再执行 DHCP 欺骗攻击,由于真正的 DHCP 服务器已经没有地址可供出租,因此这台 DHCP 服务器只能丢弃 DHCP 客户端发来的消息,于是伪装者所伪造的 DHCP 消息就成了客户端唯一的选择。

4. DHCP snooping

DHCP snooping(DHCP 窥探)技术可以防止上述攻击,这项技术将一台交换机上的端口分为信任端口和不信任端口两类,信任端口适合配置在连接 DHCP 服务器的端口和上行链路的端口上,其余端口则应配置为不信任端口。如果交换机的不信任端口接收到了本应由 DHCP 服务器向 DHCP 客户端发送的消息(如 DHCPOFFER 消息、DHCPACK 消息),交换机则会直接予以丢弃。由于入侵者通常不会通过 DHCP 服务器所在端口或交换机上行链路端口接入网络,因此这种做法可以在最大程度上避免 DHCP 欺骗攻击。

图 2-11 为应用 DHCP snooping 技术缓解 DHCP 欺骗的图示。

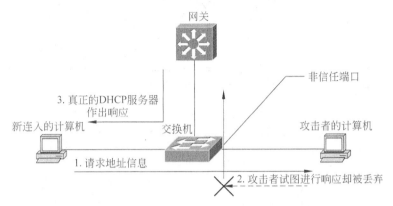

图 2-11 DHCP snooping 的效果

此外,如果交换机接收到一个 DHCP 发现(DHCP DISCOVER)数据包,并发现其源 MAC 地址与客户端硬件地址(client hardware address)字段的信息不符,交换机就可以丢弃该数据包。这可以防止攻击者利用随机生成的客户端硬件地址向 DHCP 服务器反复请求地址信息,因此可以达到缓解 DHCP 耗竭攻击的作用。图 2-12 为 DHCP 数据包的格式,其中灰色部分即客户端硬件地址字段。

注意:检验源 MAC 地址与客户端硬件地址字段是否匹配,在全局配置模式下输入 ip dhcp snooping verify mac-address,但这一功能默认即为启用状态,因此配置 DHCP snooping 时可以不必输入。

例 2-13 为 DHCP snooping 的配置示例。

例 2-13 DHCP snooping 配置示例

```
SwitchC(config)# ip dhcp snooping
SwitchC(config)# ip dhcp snooping vlan 2
SwitchC(config)# interface fa0/10
SwitchC(config-if)# ip dhcp snooping trust
```

如例 2-13 所示,管理员首先启用了 DHCP snooping 功能,然后指定将该功能作用于 VLAN 2,接下来将 fa0/10 配置为信任端口。

DHCP snooping 还有一项功能,即限制端口的 DHCP 消息速率。使用该功能需要在相应的端口配置模式下输入命令 ip dhcp snooping limite rate。根据思科公司的建议,对于不信任端口,应该将 DHCP 消息的速率限制在每秒 100 个以下。

如例 2-11 所示,超过 DHCP 限制速率也是导致端口进入 err-disabled 状态的原因之一,因此管理员也可以根据自己的需要,使用命令 errdisable recovery cause 和命令 errdisable recovery interval 来指定因超出 DHCP 限制速率而进入 err-disabled 状态的端口

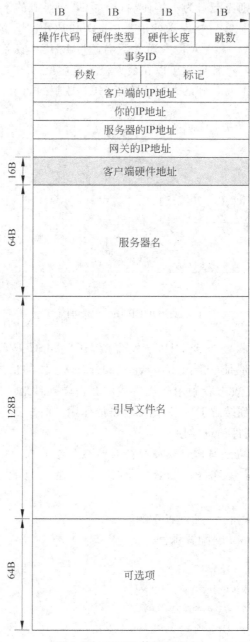

图 2-12 DHCP 数据包格式

是否可以自动恢复以及恢复时间。

使用命令 show ip dhcp snooping 可以查看与 DHCP snooping 有关的配置,如例 2-14
所示。

例 2-14 查看与 DHCP snooping 有关的配置

```
SwitchC# show ip dhcp snooping
Switch DHCP snooping is enabled
DHCP snooping is configured on following VLANs:
```

```
2
DHCP snooping is operational on following VLANs:
2
DHCP snooping is configured on the following L3 Interfaces:

Insertion of option 82 is enabled
    circuit-id format: vlan-mod-port
    remote-id format: MAC
Option 82 on untrusted port is not allowed
Verification of hwaddr field is enabled
Verification of giaddr field is enabled
DHCP snooping trust/rate is configured on the following Interfaces:

Interface           Trusted      Rate limit (pps)
------------------  -------      ----------------
FastEthernet0/10    yes          100
```

使用命令 show ip dhcp snooping binding 可以查看 DHCP snooping 表的绑定情况,如例 2-15 所示。

例 2-15　查看与 DHCP snooping 有关的配置

```
SwitchC# sh ip dhcp snooping binding
MacAddress          IpAddress    Lease(sec) Type           VLAN Interface
------------------  -----------  ---------- -------------  ---- ----------------
F0:DE:F1:0E:57:0E   10.1.1.252   0          dhcp-snooping  2    FastEthernet0/12
Total number of bindings: 1
```

此外,如有端口因为超出 DHCP 限制速率而进入 err-disabled 状态,仍可以使用例 2-9 到例 2-12 中的命令进行查看。

注意:攻击者在发起 DHCP 耗竭攻击时,都会伪造大量的 MAC 地址,并以这些不同的 MAC 地址为源,向服务器申请提供地址信息。如果采取这种方式发起 DHCP 耗竭攻击,那么采用 2.1.1 节中介绍的端口安全技术也可以有效地进行防御。但目前,DHCP 耗竭攻击也可以复用同一个 MAC 地址,同时却在客户端硬件地址字段填充不同的信息,以向 DHCP 服务器发送不同的地址请求信息。如要抵御这类攻击方式,就只能利用 DHCP snooping 技术来判断某个端口发送的 DHCP 消息是否正常。因为从端口安全技术的角度看来,发起攻击的端口并没有检测到更多的源 MAC 地址,而 DHCP snooping 则会比较 DHCP 发现数据包中的源 MAC 地址与客户端硬件地址字段,因此也可以检测出通过这种方式发起的 DHCP 耗竭攻击。

2.1.4　ARP 欺骗与动态 ARP 监控

1. ARP 简介

对于网络设备而言,要想实现通信,必须拥有下一跳设备的物理地址。而在以太网环境中,ARP 协议的作用就是建立逻辑地址(IP 地址)与物理地址(MAC 地址)之间的映射关系。

首先,当一台设备想要向本地网络中的另一台设备发送 IP 数据包时,若这台设备并不知道对方的物理地址(MAC 地址),它就必须使用对方设备的逻辑地址(IP 地址)在本地网络中广播 ARP 请求消息,请该设备提供自己的物理地址(MAC 地址),如图 2-13 所示。

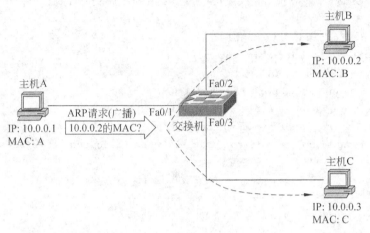

图 2-13　ARP 请求

　　在被请求设备接收到 ARP 请求消息后,它就会向请求方提供自己的 MAC 地址,这个消息称为 ARP 响应消息。其余设备虽然接收到 ARP 请求,但因为自己并不是被请求设备,因此不予理会,如图 2-14 所示。

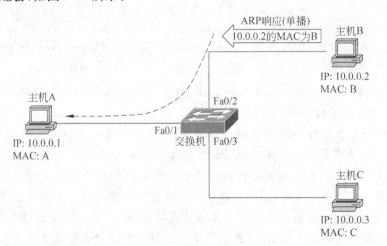

图 2-14　ARP 响应

　　在接收到被请求方(即主机 B)的 ARP 响应消息之后,请求方设备(即主机 A)就会更新自己的 ARP 表,建立主机 B 的 MAC 地址与 IP 地址之间的映射关系。此后,主机 A 就可以向主机 B 发送 IP 数据包了。

　　此外,如图 2-15 所示,主机也可以向网络中其他主机发送一个主动 ARP 响应消息,告知其他主机自己的 IP-MAC 映射关系。这种"不请自来"的 ARP 响应消息发送方式称为无故 ARP,也译为免费 ARP(gratuitous ARP)。

　　网路中的其他设备在接收到其发来的主动 ARP 响应消息之后,也会按照该消息提供

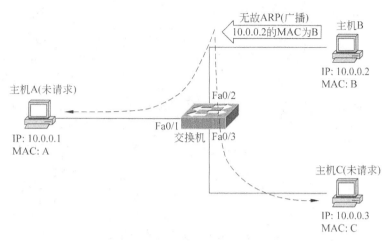

图 2-15　无故 ARP

的信息更新自己的 ARP 表。

2. ARP 欺骗

ARP 也是一种缺乏认证机制的协议,因此当主机接收到其他设备发来的 ARP 响应消息时,它会不辨真伪地利用该消息更新自己的 ARP 表。而攻击者正可借 ARP 欺骗完成中间人攻击。

如图 2-16 所示,攻击者(主机 C)捏造了一条 ARP 响应消息,声称 IP 地址 10.0.0.2 与 MAC 地址 C 之间存在映射关系。

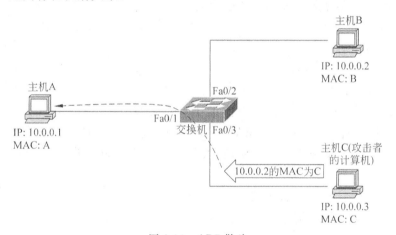

图 2-16　ARP 欺骗

在接收到这条 ARP 响应之后,主机 A 会立刻用这条消息提供的映射关系来更新自己的 ARP 表。从此,主机 A 所有要发送给主机 B 的消息都会被发送给主机 C(若攻击者希望发起中间人攻击,会将主机 A 发送给主机 B 的消息转发给主机 C),如图 2-17 所示。

若在图 2-17 中,主机 B 为一台网关路由器,主机 C 就可以通过同样的方式欺骗网络中的其他主机,以此获得网络中所有主机的出站信息。

当然,ARP 欺骗不仅可以实现中间人攻击,捏造错误的 ARP 映射关系也可以发起其他类型的攻击,如拒绝服务攻击等。

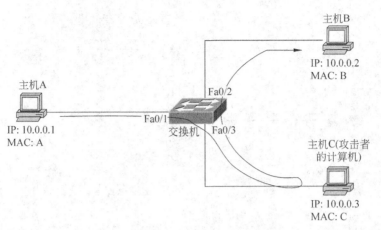

图 2-17 通过 ARP 欺骗实现的中间人攻击

3. 动态 ARP 监控

动态 ARP 监控(Dynamic ARP Inspection,亦译为动态 ARP 检测)简称 DAI,是三层交换机利用 DHCP snooping 特性生成的 DHCP snooping 表来监控 ARP 消息的一种功能。

本书在例 2-15 已经展示过 DHCP snooping 表所包含的信息,DHCP snooping 表是交换机为所有不信任端口维护的信息映射关系表,如例 2-15 所示,这个 DHCP snooping 中包含了以下信息之间的关系:
- 该客户端自身的 MAC 地址;
- DHCP 服务器分配给该客户端的 IP 地址;
- 该 IP 地址的租期;
- 绑定类型;
- 该客户端所连接的端口;
- 该客户端所在的 VLAN。

因此,在启用了 DAI 功能之后,交换机就会使用 DHCP snooping 记录下来的 DHCP snooping 表来检验相应端口发送过来的 ARP 响应消息。若发现端口发来的 ARP 响应消息与其 DHCP snooping 表不符,则会丢弃该数据包,并让该端口进入 err-disabled 状态,如图 2-18 所示。

例 2-16 所示为 DAI 的配置示例。

例 2-16 DAI 配置示例

```
SwitchC(config)# ip arp inspection vlan 2
SwitchC(config)# interface fa0/1
SwitchC(config-if)# ip arp inspection trust
```

如例 2-16 所示,管理员首先对 VLAN 2 启用了 DAI 特性,然后将端口 fa0/1 配置为信任端口,即不对 fa0/1 发来的 ARP 响应消息进行监控。

此外,DAI 也可以用来限制端口的 ARP 数据包速率。使用该功能需要在相应的端口配置模式下输入命令 ip arp inspection limits rate。如果配置了速率限制,那么一旦 ARP 消息超过了限制速率,端口也会进入 err-disabled 状态。

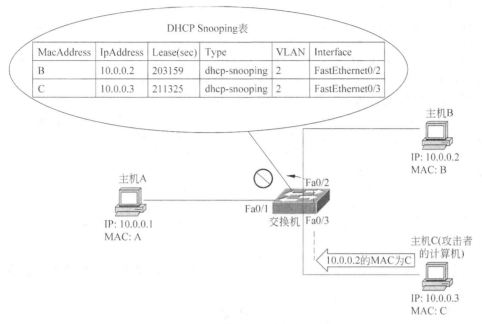

图 2-18　DAI 的工作方式

　　针对因 DAI 进入 err-disabled 状态的端口,管理员可以通过命令 errdisable recovery cause arp-inspection interval 来设置这类端口的自动恢复时间。

　　使用命令 show ip arp inspection interfaces 可以查看各个端口的信任状态、速率限制等信息,如例 2-17 所示。

例 2-17　查看各端口的 DAI 设置

```
SwitchC# show ip arp inspection interfaces

Interface     Trust State     Rate (pps)     Burst Interval
----------    ------------    ----------     ----------------
Fa0/1         Trusted         100            1
Fa0/2         Untrusted       15             1
Fa0/3         Untrusted       15             1
Fa0/4         Untrusted       15             1
Fa0/5         Untrusted       15             1
Fa0/6         Untrusted       15             1
Fa0/7         Untrusted       15             1
Fa0/8         Untrusted       15             1
Fa0/9         Untrusted       15             1
Fa0/10        Untrusted       15             1
Fa0/11        Untrusted       15             1
Fa0/12        Untrusted       15             1
Fa0/13        Untrusted       15             1
Fa0/14        Untrusted       15             1
Fa0/15        Untrusted       15             1
```

```
Fa0/16          Untrusted          15                    1
Fa0/17          Untrusted          15                    1
Fa0/18          Untrusted          15                    1
Fa0/19          Untrusted          15                    1
Fa0/20          Untrusted          15                    1
Fa0/21          Untrusted          15                    1


Interface       Trust State     Rate (pps)      Burst Interval
----------      ------------    ----------      ----------------
Fa0/22          Untrusted          15                    1
Fa0/23          Untrusted          15                    1
Fa0/24          Untrusted          15                    1
Gi0/1           Untrusted          15                    1
Gi0/2           Untrusted          15                    1
```

使用命令 show ip arp inspection vlan 2 可以查看 VLAN 2 下与 DAI 有关的信息，如例 2-18 所示。

例 2-18　查看特定 VLAN 与 DAI 有关的信息

```
SwitchC# show ip arp inspection vlan 2

Source Mac Validation      : Disabled
Destination Mac Validation : Disabled
IP Address Validation      : Disabled


Vlan  Configuration  Operation       ACL Match       Static ACL
----  -------------  ----------      ----------      -----------
 2    Enabled        Active
Vlan  ACL Logging    DHCP Logging    Probe Logging
----  ------------   -------------   --------------
 2    Deny           Deny            Off
```

使用命令 show ip arp inspection statistics 可以查看 DAI 的相关统计信息，如例 2-19 所示。

例 2-19　查看 DAI 的统计信息

```
SwitchC# show ip arp inspection statistics

Vlan      Forwarded        Dropped        DHCP Drops            ACL Drops
----      ----------      ---------      -----------           ---------
 2            0              0                0                     0


Vlan  DHCP Permits  ACL Permits   Probe Permits   Source MAC Failures
----  ------------  -----------   -------------   --------------------
 2         0             0              0                   0
```

```
Vlan   Dest MAC Failures   IP Validation Failures   Invalid Protocol Data
----   -----------------   ----------------------   --------------------
2             0                      0                        0
```

2.1.5 Native VLAN、VLAN 跳转攻击与缓解方法

1. Native VLAN 概述

众所周知,VLAN 是一种从逻辑上实现二层隔离的技术。当多台交换机之间需要交换数据帧时,它们之间的物理链路必须能够承载多个 VLAN 的信息。为了让对端交换机在通过 Trunk 端口接收到数据帧之后,能够识别该数据帧属于哪个 VLAN,交换机会通过某种链路聚集协议(通常为 IEEE 802.1q)为数据帧封装一个标记(tag)。

由此,交换机上的端口可以大致分为两类,一类是收发带标记数据帧的端口,另一类是收发不带数据帧的端口。IEEE 802.1 规范并没有对这两类端口进行命名,但思科公司称前者为接入端口,后者为 Trunk 端口,它们的工作方式如图 2-19 所示。

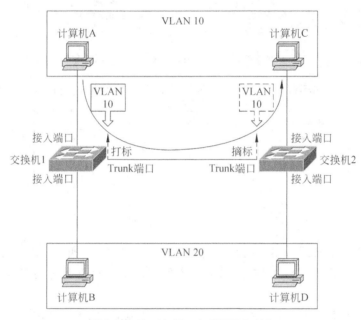

图 2-19　Trunk 端口与 IEEE 802.1q

IEEE 虽然并没有定义当接入端口接收到带有标记的数据帧时交换机应该如何进行处理,但定义了 Trunk 端口也要能够承载没有带标记的数据帧,当一台思科交换机的 Trunk 端口接收到没有带标记的数据帧时,它会将这些数据帧传输给 Native VLAN,如图 2-20 所示。

2. VLAN 跳转攻击与缓解方法

VLAN 跳转攻击指的是攻击者通过非法手段访问其他的 VLAN。常见的 VLAN 跳转攻击包括两种方式。

第一种方式很好理解,在网络中插入流氓交换机,与配置为动态协商端口协商建立 Trunk 链路。如图 2-21 所示,攻击者利用一台未授权的交换机,对 VLAN 100 发起访问。

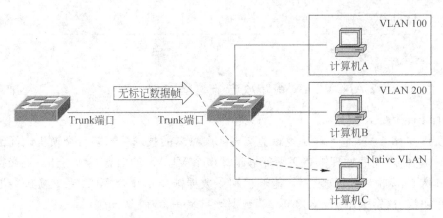

图 2-20　Native VLAN

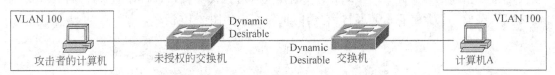

图 2-21　通过流氓交换机发起 VLAN 跳转攻击

图 2-22 所示为当链路两端的交换机端口配置为不同的模式时产生的协商结果。

	Dynamic Auto	Dynamic Desirable	Trunk	Access
Dynamic Auto	Access	Trunk	Trunk	Access
Dynamic Desirable	Trunk	Trunk	Trunk	Access
Trunk	Trunk	Trunk	Trunk	无法建立连接
Access	Access	Access	无法建立连接	Access

图 2-22　交换机两端端口的协商

这种攻击方法的解决方案也很简单，由图 2-22 可以看出，如果不希望流氓交换机与自己的交换机之间协商出 Trunk 链路，只需将不使用的端口全部配置为接入端口，并全部关闭即可。

第二种方式是伪造双标记数据帧，将其发送给其他的 VLAN，如图 2-23 所示。

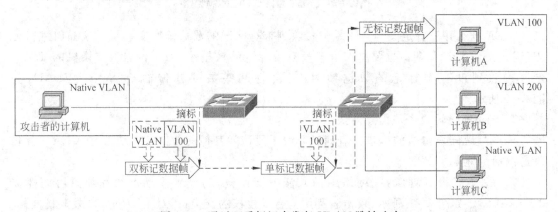

图 2-23　通过双重标记来发起 VLAN 跳转攻击

如图 2-23 所示,攻击者制造除了一个带有双重标记的数据帧。当这个数据帧到达第一台交换机时,交换机会将第一个标记(Native VLAN)摘除,并将该数据帧通过 Trunk 链路转发出去;而当第二台交换机接收到数据帧时,它则会摘除内部套嵌的标记(VLAN 100),并将这个数据帧转发给相应的 VLAN,也就是本例中的 VLAN 100。

根据上述描述可以看出,要想通过上述方式发起 VLAN 跳转攻击是有前提的。首先,因为这种攻击方式是通过双重标记来实现的,因此路径上需要有两台交换机对数据帧进行摘标,换言之,攻击者与被攻击者不能连接在同一台交换机上。其次,为了保障第一台交换机在拆除外侧的(第一个)标记之后,会把数据帧放入 Trunk 链路中进行传输,要求攻击者自身位于 Native VLAN 中。

因此,防御这种攻击的最佳方式,就是不让 Native VLAN 中存在当前不使用的端口,也不要将不使用的端口设置为 Trunk 端口。对于不使用的端口,还是应该先将它们统统划分进一个非 Native VLAN 的 VLAN 中,然后再将它们设置为接入端口,再把它们关闭。

此外,还有一种方式可以避免双重标记的 VLAN 跳转攻击,那就是在全局配置下使用命令 vlan dot1q tag native。这个功能可以让交换机为所有通过 Trunk 端口传输的数据帧进行打标,包括 Native VLAN 的出站流量,而且这一功能也会让交换机丢弃所有到达 Trunk 端口的无标记数据帧。

注意:根据有些材料的建议,管理员可以通过端口配置命令 switchport trunk allow vlan remove number 禁止在 Trunk 链路上传输 Native VLAN 的流量。但由于思科公司的设备会通过 Native VLAN 传输一些管理数据,因此这种做法有可能会导致一些管理协议无法正常工作,故而不建议采用。

2.1.6　私有 VLAN

1. 私有 VLAN 的概念

尽管大多数资料都会把私有 VLAN 放在二层安全部分进行介绍,但严格来说,私有 VLAN(也翻译为专用 VLAN)并不属于一种安全技术。

私有 VLAN 简称 PVLAN,它可以限制同一个 VLAN 内端口间的相互通信。也就是说,所有处于同一个 PVLAN 中的端口都可以相互隔离。一台交换机上可以同时部署 PVLAN 和普通 VLAN。PVLAN 特性不仅可以阻隔终端系统间的通信,还可以减少网络中子网和 VLAN 的数量。此外,通过二层隔离的方式,要比通过访问控制列表在三层过滤 VLAN 间的流量要容易管理得多。

PVLAN 技术包含以下几种类型的端口:

- 杂合端口。这个端口可以与该 PVLAN 中的所有端口进行通信,包括后面要介绍的孤立端口(isolated port)和团体端口(community port)。它的作用是转发团体 VLAN 和孤立 VLAN 端口的流量。每个 PVLAN 中只能配置一个杂合端口,这个杂合端口负责为所有该 PVLAN 中的团体 VLAN 或孤立 VLAN 之间转发数据流量。
- 孤立端口。孤立端口只能与同一个 PVLAN 中的杂合端口通信,不能同其他所有端口通信。
- 团体端口:一个 PVLAN 中可以有多个团体(community)。在一个 PVLAN 中,同一个团体的端口相互之间可以通信,这些端口也都可以和杂合端口进行通信。但它们不能和其他团体的端口通信,也不能和孤立端口通信。

图 2-24 所示为 PVLAN 端口之间的通信关系。

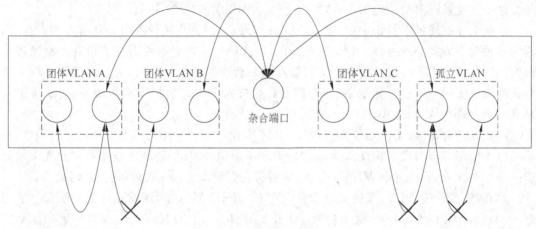

图 2-24　PVLAN 的工作方式

如图 2-24 所示,不同类型的 PVLAN 端口需要划分进不同类型的 VLAN 中,这些不同类型的 VLAN 组成了 PVLAN 的整体结构。PVLAN 结构中包括以下两种类型的 VLAN:

- 主 VLAN(primary VLAN):负责承载从杂合端口去往孤立端口和团体端口的流量。
- 辅助 VLAN(secondary VLAN):辅助 VLAN 中又包括孤立 VLAN 和团体 VLAN 两种类型。
    - 孤立 VLAN(isolated VLAN):负责承载从孤立端口去往杂合端口的流量。在一个 PVLAN 中,孤立端口只能与这个 PVLAN 中的杂合端口进行通信。
    - 团体 VLAN(community VLAN):负责承载同一团体 VLAN 下不同团体端口间的流量,以及从这些团体端口去往杂合端口的流量。团体 VLAN 下的端口之间可以进行通信,但它们不能与其他团体 VLAN 及孤立 VLAN 中的端口进行通信。一个 PVLAN 中可以配置多个团体 VLAN。

当然,PVLAN 也可以通过 trunk 的方式把主 VLAN、孤立 VLAN 和团体 VLAN 扩展到其他支持 PVLAN 的设备中。

2. PVLAN 的配置

配置 PVLAN 的步骤如下:

步骤 1:在相应 VLAN 的配置模式下使用命令 private-vlan primary、private-vlan community 和 private-vlan isolated 将不同 VLAN 分别指定为主 VLAN、团体 VLAN 和孤立 VLAN。

步骤 2:在主 VLAN 的 VLAN 配置模式下,使用命令 private-vlan association 来关联相应的辅助 VLAN。

步骤 3:在主 VLAN 的 SVI 接口中,使用命令 private-vlan mapping add 把该端口与相应的辅助 VLAN 进行关联。

步骤 4：在端口配置模式下，使用命令 switchport mode private-vlan host 将相应的交换机端口配置成孤立端口或者团体端口，然后再使用命令 switchport private-vlan host-association 把该端口与主 VLAN 和相应的辅助 VLAN 进行关联。

步骤 5：在选定的杂合端口下，使用命令 switchport mode private-vlan promiscuous 将该端口指定为杂合端口，并使用命令 switchport private-vlan mapping 将该端口分别与主 VLAN 和相应的辅助 VLAN 进行关联。

图 2-25 所示为一个 PVLAN 的环境，下文将以该图为例进行配置示范。

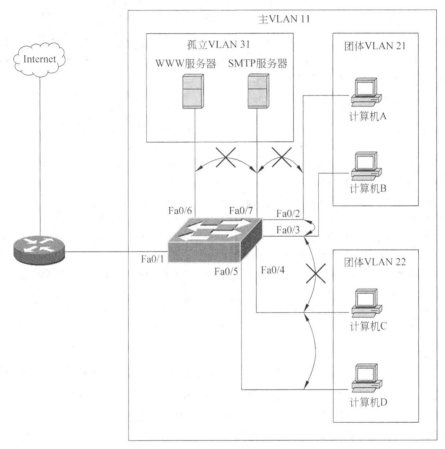

图 2-25　PVLAN 拓扑

例 2-20 所示为 PVLAN 配置过程的步骤 1～3。在这个示例中，设定 VLAN 11 为主 VLAN，VLAN 21 和 VLAN 22 分别为两个不同的团体 VLAN，VLAN 31 则为一个孤立 VLAN。

例 2-20　PVLAN 的配置示例 1

```
Switch(config)# vlan 11
Switch(config-vlan)# private-vlan primary
Switch(config-vlan)# vlan 21
Switch(config-vlan)# private-vlan primary community
Switch(config-vlan)# vlan 22
```

```
Switch(config-vlan)# private-vlan primary community
Switch(config-vlan)# vlan 31
Switch(config-vlan)# private-vlan primary isolated
Switch(config-vlan)# vlan 11
Switch(config-vlan)# private-vlan association 21,22,31
Switch(config-vlan)# exit
Switch(config)# interface vlan 11
Switch(config-if)# private-vlan mapping add 21,22,31
```

下面完成步骤 4 和步骤 5 的配置,即划分交换机的端口。

在这个示例中,设定 Fa0/1 为杂合端口,Fa0/2、Fa0/3 为团体 VLAN 21 中的团体端口,Fa0/4、Fa0/5 为团体 VLAN 22 中的团体端口,Fa0/6、Fa0/7 则为孤立 VLAN 31 中的孤立端口,其配置过程如图 2-21 所示。

例 2-21 PVLAN 的配置示例 2

```
Switch(config-if)# interface range fastethernet 0/2 -3
Switch(config-if)# switchport mode private-vlan host
Switch(config-if)# switchport private-vlan host-association 11 21
Switch(config-if)# interface range fastethernet 0/4 -5
Switch(config-if)# switchport mode private-vlan host
Switch(config-if)# switchport private-vlan host-association 11 22
Switch(config-if)# interface range fastethernet 0/6 -7
Switch(config-if)# switchport mode private-vlan host
Switch(config-if)# switchport private-vlan host-association 11 31
Switch(config-if)# interface fastethernet 0/1
Switch(config-if)# switchport mode private-vlan promiscuous
Switch(config-if)# switchport private-vlan mapping 11 21,22,31
```

在完成上述配置工作后,可以通过 ping 命令测试不同端口之间的通信情况,此外,show interface private-vlan mapping,show vlan private-vlan 和 show interface interface switchport 这 3 条命令可以查看与此相关的配置,如例 2-22 所示。

例 2-22 查看与 PVLAN 相关的配置

```
Switch# show interfaces private-vlan mapping
Interface   Secondary   VLAN Type
----------  ----------  ----------
vlan11      21          community
vlan11      22          community
vlan11      31          isolated

Switch# show vlan private-vlan

Primary   Secondary   Type        Ports
-------   ----------  ----------  --------------------------
11        21          community   Fa1/0/1, Fa1/0/2, Fa1/0/3
```

```
11          22          community          Fa1/0/1, Fa1/0/4, Fa1/0/5
11          31          isolated           Fa1/0/1, Fa1/0/6, Fa1/0/7

Switch# show interfaces f1/0/1 switchport
Name: Fa1/0/1
Switchport: Enabled
Administrative Mode: private-vlan promiscuous
Operational Mode: private-vlan promiscuous
Administrative Trunking Encapsulation: negotiate
Operational Trunking Encapsulation: native
Negotiation of Trunking: Off
Access Mode VLAN: 1 (default)
Trunking Native Mode VLAN: 1 (default)
Administrative Native VLAN tagging: enabled
Voice VLAN: none
Administrative private-vlan host-association: none
Administrative private-vlan mapping: 11 (VLAN0011) 21 (VLAN0021) 22 (VLAN0022)
31 (VLAN0031)
Administrative private-vlan trunk native VLAN: none
Administrative private-vlan trunk Native VLAN tagging: enabled
Administrative private-vlan trunk encapsulation: dot1q
Administrative private-vlan trunk normal VLANs: none
Administrative private-vlan trunk associations: none
Administrative private-vlan trunk mappings: none
Operational private-vlan:
  11 (VLAN0011) 21 (VLAN0021) 22 (VLAN0022) 31 (VLAN0031)
Trunking VLANs Enabled: ALL
Pruning VLANs Enabled: 2-1001
Capture Mode Disabled
Capture VLANs Allowed: ALL

Protected: false
Unknown unicast blocked: disabled
Unknown multicast blocked: disabled
Appliance trust: none
```

注意：VTP 不支持 PVLAN，因此在配置 PVLAN 之前，要把交换机的 VTP 调整为透明模式。因此，如果要让 PVLAN 跨越多台交换机，需要在各交换机上手动执行相同的 PVLAN 配置。

2.2 数据链路层安全小结与最佳做法

数据链路层的协议往往缺乏相应的安全机制可以为之提供保障，而针对数据链路层的攻击方式和攻击工具又层出不穷，于是，数据链路层往往成为维护网络安全的短板。

针对数据链路层的攻击往往无法从外部网络发起，当人们在三层以上的安全技术上倾注全力，购入专用的防火墙设备、入侵检测和防御设备，部署加密、校验和认证技术时，萧墙之内的网络却悄然成为整个通信过程中最为薄弱的环节。

2.1 节中介绍的是数据链路层中最为常见的局域网攻击方式和安全技术，但针对数据链路层的攻击并不限于此。若使用思科公司的设备，建议按照下面的方式部署二层网络，这可以尽可能减少交换机上可资攻击者利用的漏洞：

- 不要用默认的 VLAN 1 作为交换机的 Native VLAN。
- 尽量不要使用 VLAN 1。
- 手动将不使用的端口配置为接入（Access）模式。
- 手动将不使用的端口统一划分进一个非 Native VLAN 的 VLAN 中。
- 使用端口安全技术来限制端口上可以学习到的 MAC 地址数量。
- 通过 BPDU 防护等特性防止攻击者通过伪造数据帧或插入流氓设备来控制生成树协议。

思　考　题

1. 请通过测试，验证命令 switchport port-security aging 是否可以使 Sticky 动态地址老化。

2. 例 2-11 中显示了很多项会导致交换机将端口设置为 err-disabled 状态的原因，除本章介绍过的内容外，请选择其中两项，解释其机制。

3. 请通过测试，验证 Trunk 链路两端的交换机可否将不同的 VLAN 设置为 Native VLAN。

第 3 章 网络层安全与 IPSec VPN

3.1 基本原理介绍

IPSec 是一项标准的安全技术,它的做法是在数据包三层头部(通常为 IP 头部)和四层头部之间插入一个预定义的 IPSec 头部,以此对 OSI 上层协议数据提供保护。

图 3-1 为 IPSec 封装的示意图。

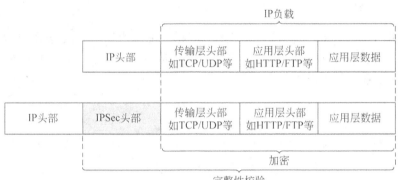

图 3-1 IPSec 封装示意图

图 3-1 上半部分是一个普通的 IP 数据包,下半部分则是通过 IPSec 加密后的数据包。恰如图中所示,IPSec 头部不仅可以对原始的 IP 负载实现加密,同时还可以实现对 IPSec 头部和原始 IP 负载进行校验,以保障数据的完整性。

IPSec 可以为 VPN 流量提供以下 3 个方面的保护。

(1) 私密性:IPSec 可以通过加密保障数据的私密性。这样一来,即使第三方能够捕获到加密后的数据,在没有密钥的情况下,他们也无法将这些数据还原为加密前的原始数据。

(2) 完整性:IPSec 可以确保数据在传输过程中没有遭到第三方的篡改。

(3) 源认证(authenticity):是指对发送数据包的源进行认证,确保发送该数据的源是合法的。

3.2 IPSec 框架

IPSec 并没有定义具体的加密算法和散列函数,它仅提供了一种框架结构,具体选用何种算法可以由使用者进行定义。这种模块化的做法在最大程度上避免了因某个算法暴出漏洞,而导致整个协议遭到淘汰的可能性。因此,用户在使用 IPSec 时,可以根据自己的需要选择合适的算法或协议。图 3-2 为 IPSec 框架示意图,如图所示,可以通过协商决定的不仅是散列函数、加密算法,还包括封装协议和模式、密钥有效期等。接下来以 IPSec 框架涉及的技术为主线,详细介绍它们的特点和工作原理。

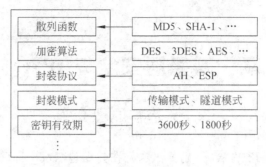

图 3-2　IPSec 框架示意图

3.2.1　散列函数

散列函数(hash function)也常音译为哈希函数，主流的散列算法包括 MD5 与 SHA-1。散列函数的主要任务是验证数据的完整性。通过散列函数计算得到的结果叫作散列值。图 3-3 为散列函数的工作原理。

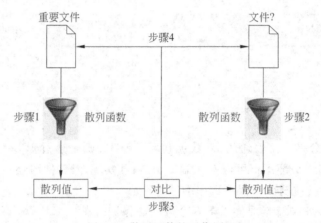

图 3-3　散列函数的工作原理

步骤 1：使用散列函数对"重要文件"执行运算，得到散列值"散列值一"。

步骤 2：使用散列函数对"文件?"执行运算，得到散列值"散列值二"。

步骤 3：将"散列值一"和"散列值二"进行对比，发现"散列值一"等于"散列值二"。

步骤 4：由于散列值的唯一性(冲突避免)，因此可以确定"文件?"就是"重要文件"。这两份文件的每一个比特(bit)都完全相同。

散列函数具有下面 4 个特点。

(1) 固定大小。散列函数可以接收任意大小的数据，并输出固定大小的散列值。以 MD5 这个散列算法为例，不管原始数据有多大，通过 MD5 计算得到的散列值总是 128b，而 SHA-1 的输出长度则为 160b。

(2) 雪崩效应。即使原始数据只修改了一个比特，计算得到的散列值也会发生巨大的变化。

(3) 单向。只能从原始数据计算得到散列值，无法从散列值计算出原始数据。

(4) 冲突避免。几乎不能够找到另外一个数据和当前数据计算的散列值相同，因此散列函数能够确保数据的唯一性。

根据同样的原理,散列函数也可以用来校验数据的完整性。图 3-4 为使用散列函数验证数据完整性的方式。

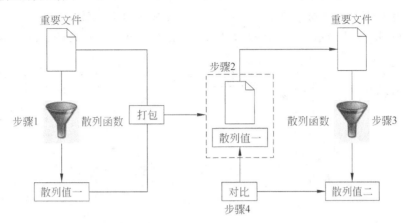

图 3-4　散列函数验证数据完整性的方式

步骤 1:使用散列函数对将要发送的"重要文件"执行运算,得到"散列值一"。

步骤 2:对将要发送的"重要文件"和步骤 1 计算得到的"散列值一"进行打包,然后一起发送给接收方。

步骤 3:接收方使用散列函数对收到的"重要文件"执行运算,得到"散列值二"。

步骤 4:接收方将收到文件中的"散列值一"和步骤 3 计算得到的"散列值二"进行对比,如果两个散列值相同,即可确定"重要文件"是完整的,即这份"重要文件"在整个传输的过程中没有遭到过别人的篡改。

尽管散列函数能够确认数据的完整性,但它却无法保障该数据是由合法的源发送过来的。

如图 3-5 所示,合法用户与非法用户都可以对他们要发送的信息执行散列运算,并得到散列值,也都能像图 3-4 一样把明文信息和散列值一起打包发送给接收方,而接收方也都能够通过散列函数来校验数据的完整性。因此,散列函数虽然能够确认数据的完整性,却不能确保这个数据来自可信的源(不提供源认证),所以散列函数存在中间人攻击的问题。

图 3-5　散列函数的中间人攻击问题

如果需要对数据的源进行认证,可以使用一种称为 HMAC(Keyed-hash Message Authentication Code,密钥化散列信息认证代码)的技术。这项技术虽然使用了散列函数,但是它会将要传输的数据与通信双方预定义的密钥联合执行散列运算,因此接收方可以将自己的预共享密钥与接收到的数据进行对比,以认证发送方的合法性。

图 3-6 和图 3-7 为通过 HMAC 技术对 OSPF 的更新包进行认证的详细过程。

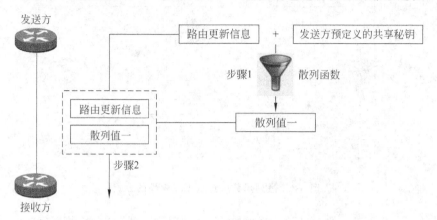

图 3-6　通过 HMAC 技术认证 OSPF 路由的更新包(发送方)

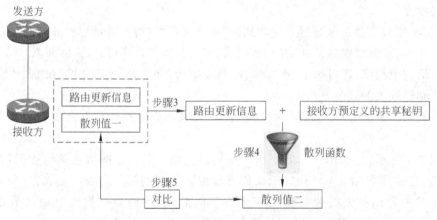

图 3-7　通过 HMAC 技术认证 OSPF 路由更新包(接收方)

步骤 1:发送方把要发送的路由更新信息与预定义的共享密钥一起执行散列计算,得到"散列值一"。

步骤 2:发送方把"散列值一"和明文的路由更新信息一起进行封装,发送给接收方(注意路由更新信息是明文发送的,没有进行任何加密处理)。

步骤 3:接收方从收到的信息中提取明文的路由更新信息。

步骤 4:接收方把步骤 3 中提取出来的明文路由更新信息与自己预定义的共享密钥一起执行散列计算,得到"散列值二"。

步骤 5:接收方对"散列值一"和"散列值二"进行比对,如果相同,即表示该路由更新信息不仅是完整的,同时也是由拥有预共享密钥的(即合法的)设备发送过来的。

综上所述,与单纯使用散列函数相比,HMAC 技术还提供了源认证的功能。

3.2.2 加密算法

加密,顾名思义,就是通过运算将明文数据转换为密文数据。这样一来,即使第三方截获了密文数据,也无法将其恢复为明文信息。而解密过程则正好相反,合法的接收者通过正确的解密算法和密钥即可恢复密文到明文。加密算法可以分为如下两大类。

- 对称密钥算法。
- 非对称密钥算法。

1. 对称密钥算法

使用相同密钥与算法进行加解密运算的算法就叫做对称密钥算法,常用的对称密钥算法包括 DES、3DES、AES、RC4 等,其工作方式如图 3-8 所示。

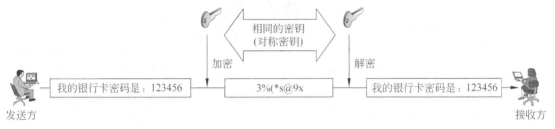

图 3-8　对称密钥算法的工作示意图

对称密钥算法的优点如下:

(1) 速度快。速度是对称密钥算法的最大优势。目前,很多用户使用的无线安全技术 WPA2 就是使用 AES 来加密的。而无线用户在上网时,通常不会感觉到由于加密而造成了延时。只要路由器或者交换机配上硬件加速模块,使用对称密钥算法基本就可以实现线速加密。

(2) 数据紧凑。DES 是一个典型的块加密算法。即把需要加密的数据包预先切分成为很多个相同大小的块(DES 的块大小为 64b),然后再使用 DES 算法逐块进行加密。如果不够块边界,就添加数据补齐块边界,而这些添加的数据就会造成加密后的数据比原始数据略大。以一个 1500B 大小的数据包为例,通过 DES 块加密后,最多只会在原始数据的基础上增加 8B(64b)。所以对称密钥算法加密后的数据是相对紧凑的。

对称密钥算法的缺点也很明显,主要包括:

(1) 密钥以明文的方式进行传输。用明文传输密钥的缺陷非常明显,一旦密钥被中间人获取,那么中间人就能够解密所有使用这个密钥所加密的数据。

(2) 密钥数量庞大。使用相同的密钥加密去往所有用户的数据显然是非常不安全的。最安全的方式是每一对用户之间共享一个唯一的密钥,而且在每次加密任务完成以后就更新这个密钥。不难发现,若按照这种方式来加密数据,整个网络中的密钥数量就是 $n(n-1)/2$ 个。对于一个相对庞大的网络,这个数量绝对称得上是一个天文数字。随之而来的密钥管理与存储都是严重的问题。

(3) 不支持数字签名技术。数字签名的内容本书将在后文中进行介绍。

2. 非对称密钥算法

顾名思义,非对称密钥就是分别使用不同的密钥对数据进行加密和解密。在使用非对称密钥技术之前,所有参与者,不管是用户还是路由器等网络设备,都需要预先使用非对称密钥算法(例如 RSA)产生一对密钥,其中包括一个公钥和一个私钥。公钥可以共享给属于这个密钥系统的所有用户与设备,而私钥需要由持有者严格保护,确保只有持有者才能唯一拥有。常用的非对称密钥算法包括 RSA、DH 算法、ECC(椭圆曲线算法)等。

非对称密钥算法的特点是:一个密钥加密的信息,必须使用另一个密钥来解密。也就是说,使用公钥加密的数据必须使用私钥解密,反之亦然。非对称密钥算法可以用来加密数据和对数据进行数字签名。

图 3-9 为使用非对称密钥算法实现数据加密的示例。

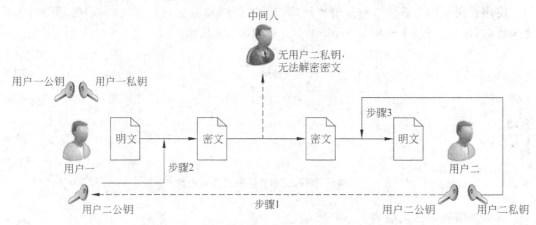

图 3-9　使用非对称密钥算法完成数据加密

步骤 1:用户一(发起方)获取用户二(接收方)的公钥。

步骤 2:用户一使用用户二的公钥对重要信息进行加密。

步骤 3:用户二使用自己的私钥对加密后的数据(由用户二公钥加密)进行解密。

如图所示,这种使用公钥加密、私钥解密的方法可以实现数据的私密性,因为即使有攻击者中途截获了数据,没有用户二的私钥,他们也无法对数据进行解密。

除了对数据进行加密之外,非对称密钥算法还可以实现数字签名。在日常生活中,亲笔签名常常用来确认决策者就是签名者本人。在互联网世界中,数字签名的作用与日常生活中的签名别无二致。

图 3-10 为使用非对称密钥算法实现数字签名的示例。

步骤 1:通过散列函数计算出重要信息(明文)的散列值。

步骤 2:用户一(发起者)使用自己的私钥对步骤 1 计算的散列值进行加密,加密后的信息就叫做数字签名。

步骤 3:用户一将重要信息和数字签名一起打包发送给用户二(接收方)。

步骤 4:用户二从打包文件中提取出重要信息(明文)。

步骤 5:用户二使用和用户一相同的散列函数计算步骤 4 中的重要信息(明文)的散列值,得到的结果简称"散列值 1"。

步骤 6:用户二从打包文件中提取出数字签名。

步骤 7:用户二使用预先获取的用户一的公钥,对步骤 6 提取出的数字签名进行解密,得到明文的"散列值 2"。

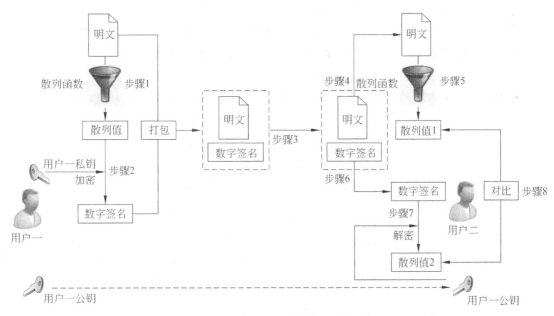

图 3-10　使用非对称密钥算法实现数字签名

步骤 8：比对"散列值 1"和"散列值 2"是否相等。如果相等,数字签名校验成功。

数字签名校验成功可以说明两点：第一,重要信息(明文)是完整的,在传输过程中没有遭到篡改。因为散列函数拥有冲突避免和雪崩效应两大特点。第二,对重要信息(明文)进行数字签名的用户为用户一,因为用户二使用用户一的公钥成功解密了数字签名,而只有使用用户一私钥加密的数字签名,才能够使用用户一的公钥进行解密。由此可见,非对称密钥算法可以实现完整性校验和源认证。

非对称加密算法拥有如下优点：

(1)密钥交换安全。在非对称密钥算法中,公钥是共享的,因此不需要保障公钥的安全性。所以密钥的交换比较简单,不必担心密钥中途遭到第三方截获的问题。

(2)密钥数量少。在使用非对称密钥算法的环境中,每增加一个用户,只需要增加一个公钥,密钥的数量与参与者数量相同,显著少于对称密钥算法环境中的密钥数量。

(3)支持数字签名和不可否认性(也称防抵赖性)。由于只有通过某个用户私钥加密的数据才能通过其公钥进行解密,因此非对称密钥算法可以确认加密者的身份。

非对称密钥加密算法的缺点也很明显：

(1)加密速度极慢。相比对称加密算法,非对称加密算法的加密速度要慢得多。因此,使用非对称加密算法加密实际数据很难实现。

(2)加密后数据显著变长(不紧凑)。使用非对称加密算法加密后的密文会变得很长,远不如使用对称密钥算法加密后的数据紧凑。

综上所述,鉴于对称密钥加密算法与非对称密钥加密算法的优缺点都很鲜明,因此在实际运用中,人们常常将这两种算法结合起来使用,以收互补之效。

3.2.3　封装协议

IPSec 有 ESP 和 AH 两种封装协议。

1. ESP 协议

ESP(Encapsulation Security Payload)的 IP 协议号为 50，ESP 能够为数据提供私密性（加密）、完整性和源认证三大方面的保护。并且能够抵御重放攻击。ESP 只能保护 IP 负载数据，不对原始 IP 头部进行任何安全防护。

图 3-11 所示为 ESP 数据包的结构示意图，ESP 数据包包括以下几部分内容：

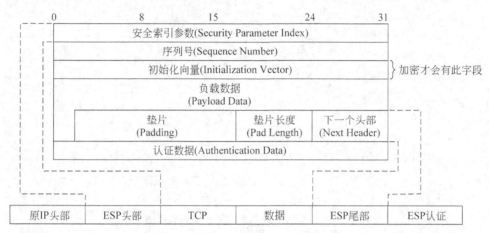

图 3-11　ESP 数据包结构示意图

- 安全参数索引（SPI）：一个 32 位的字段，用来标识处理数据包的 SA（安全关联，Security Association）。

- 序列号（SN）：一个单调增长的序号，用来唯一地标识 ESP 数据包。例如，若当前发送的 ESP 包序列号为 X，下一个传输的 ESP 包序列号则为 $X+1$，以此类推。通过序列号，接收方可以防止重放攻击。

- 初始化向量（Initialization Vector）：每一个需要使用 CBC 来加密的数据包都会产生一个随机数，用于加密时对数据进行扰乱，这个随机产生的随机数就叫做初始化向量（IV）。如果不加密就不存在 IV 字段（在图 3-11 所示的 ESP 包结构中，若没有初始化向量字段表示不加密，若有该字段则表示要加密。）

- 负载数据（Payload Data）：负载数据就是 IPSec 加密所保护的数据。IPSec 有两种封装模式，封装模式的不同也会影响负载数据的内容。

- 垫片（Padding）：如果采取块加密的方式来保护数据的私密性，就需要补齐数据的块边界（以 DES 为例，就需要补齐 64 位的块边界）。为补齐块边界而追加的数据就叫做垫片。如果不加密就不存在垫片字段。

- 垫片长度（Pad Length）：作用是标识垫片部分的数据有多长，接收方解密后就可以按照这个长度来清除这部分多余数据。如果不加密就不存在垫片长度字段。

- 下一个头部（Next Header）：作用是标识 IPSec 封装负载数据里边的下一个头部，根据封装模式的不同，下一个头部也会发生变化，如果是传输模式，下一个头部一般都是传输层头部（TCP/UDP）；如果是隧道模式，下一个头部则是 IP。

- 认证数据（Authentication Data）：ESP 会对从 ESP 头部到 ESP 尾部的所有数据执行 HMAC 散列计算，得到的散列值会被放到认证数据部分。接收方可以通过这个认证数据部分对 ESP 数据包进行完整性和源认证。

2. AH 协议

AH(Authentication Header)的 IP 协议号为 51,AH 可以为数据提供完整性和源认证两方面的安全服务,并且抵御重放攻击。但 AH 并不能为数据提供私密性服务,也就是说 AH 不对数据进行加密。在部署 IPSec VPN 时,AH 的使用远不及 ESP 广泛。

图 3-12 为 AH 数据包的结构示意图。正是由于 AH 对数据执行完整性验证的范围更广,不仅包含原始数据,还包含了原始 IP 头部,因此 AH 协议才会称为认证头部。

0
8
16
24
31
下一个头部
(NH)
负载长度
(Payload Length)
保留字段
(Reserved)
安全参数索引(SPI)
序列号(SN)
认证数据(AD)
原IP头部
AH
TCP
数据

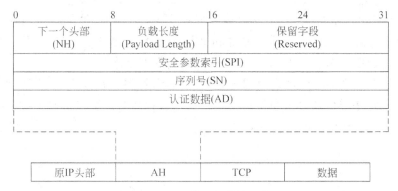

图 3-12 AH 数据包结构示意图

图 3-13 所示为 AH 验证的 IP 头部字段。

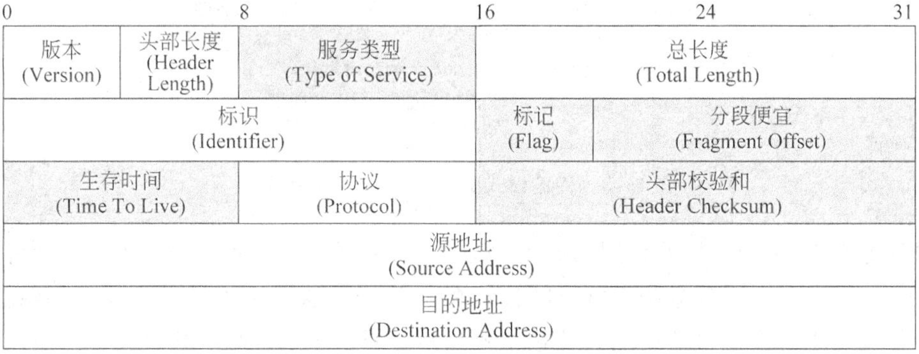

0
8
16
24
31
版本
(Version)
头部长度
(Header Length)
服务类型
(Type of Service)
总长度
(Total Length)
标识
(Identifier)
标记
(Flag)
分段便宜
(Fragment Offset)
生存时间
(Time To Live)
协议
(Protocol)
头部校验和
(Header Checksum)
源地址
(Source Address)
目的地址
(Destination Address)

图 3-13 AH 验证 IP 头部字段

虽然 AH 要验证原 IP 头部,但并不是 IP 头部的每一个字段都要进行完整性验证。在图 3-13 所示的 IP 头部各个字段中,AH 只会对白色部分的字段进行完整性校验。

3.2.4 封装模式

IPSec 有如下两种数据封装模式:传输模式(transport mode)和隧道模式(tunnel mode)。下面分别对这两种模式进行介绍。

1. 传输模式

图 3-14 为传输模式的封装示意图。

注意: 由于 AH 在实际环境中的使用远不及 ESP 广泛,因此在此后的内容中,本书都将以 ESP 作为封装来进行介绍。

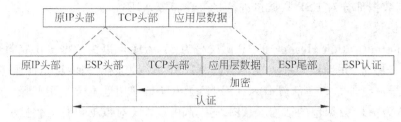

图 3-14 传输模式的封装示意图

传输模式实现起来很简单,主要就是在原始 IP 头部和 IP 负载之间插入一个 ESP 头部。当然 ESP 还会在最后追加 ESP 尾部和 ESP 验证数据部分。并且对 IP 负载和 ESP 尾部进行加密和验证处理,但原始 IP 头部会被完整地保留下来。

图 3-15 是一个典型的传输模式 IPSec VPN 的示意图。在这类环境中,实际通信的设备叫做通信点,加密数据的设备叫做加密点。通信点和加密点是很重要的一个概念,因为它直接影响 IPSec VPN 关于路由的配置。

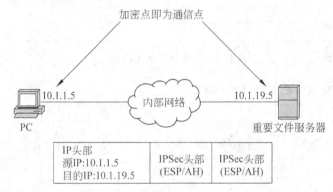

图 3-15 传输模式的 IPSec VPN 实例分析

设计这个 IPSec VPN 的作用是保护 PC 访问内部重要文件服务器的流量。其中 PC 的 IP 地址为 10.1.1.5,服务器的 IP 地址则为 10.1.19.5。这两个地址是都是内部网络地址,在该内部网络中是全局可路由的。传输模式只是在原始 IP 头部和 IP 负载中间插入了一个 ESP 头部(图中省略了 ESP 尾部和 ESP 认证数据部分),并且对 IP 负载进行加密和验证操作。

在图 3-15 中,实际通信和加密设备就是 PC(10.1.1.5)和内部重要文件服务器(10.1.19.5),也就是说,加密点等于通信点。而只要能够满足加密点等于通信点的条件就可以进行传输模式封装。根据经验,要使用传输模式进行封装,通信设备(接收方和发起方)的 IP 地址必须在其间的网络是可路由的,否则就必须使用隧道模式。

2. 隧道模式

图 3-16 为隧道模式的封装示意图。如图所示,隧道模式会把整个原始 IP 数据包封装到一个新的 IP 数据包中,并且在新 IP 头部和原始 IP 头部中间插入 ESP 头部,以对整个原始 IP 数据包进行加密和验证。

图 3-17 为一个使用隧道模式进行封装的站点到站点 IPSec VPN 实例。

图 3-16　隧道模式封装示意图

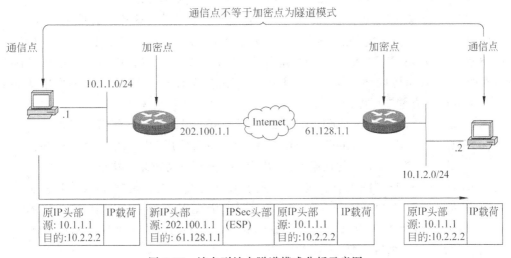

图 3-17　站点到站点隧道模式分析示意图

在图 3-17 所示的拓扑中,分支站点身后的受保护网络为 10.1.1.0/24,中心站点身后的受保护网络则为 10.1.2.0/24。分支站点中有一台 PC 要通过站点到站点的 IPSec VPN 来访问中心站点中的服务器。因此,这两台设备就是这个环境中的通信点,而真正对数据进行加密的设备却是这两个站点连接互联网的路由器,如图所示,分支站点路由器的互联网地址为 202.100.1.1,中心站点的互联网地址为 61.128.1.1,因此这两个地址就是加密点。显然,加密点不等于通信点,这就是采用隧道模式来封装数据的场景。

封装后在互联网上传输的 IPSec 数据包如图 3-17 所示,最外层头部是以加密点作为源和目的地址的 IP 头部,紧随其后的是 ESP 头部,最内层为受保护的原 IP 数据包。

若在图 3-17 所示的拓扑中依然进行传输模式封装,那么封装后的结果如图 3-18 所示。

IP头部 源:10.1.1.1 目的:10.2.2.2	IPSec头部 (ESP)	IP负载

图 3-18　站点到站点 IPSec VPN 使用传输模式的封装包结构

因为该 IP 数据包的源和目的地址为私有地址,因此这样封装的数据包在发送到互联网时一定会被互联网路由器丢弃。因此,若加密点不等于通信点,或者说若通信点的 IP 地址在其间的网络是不可路由的,就应该采用隧道模式进行封装。

3.3 互联网密钥交换协议

为了建立 IPSec VPN,希望建立连接的设备之间必须预先协商要使用何种加密协议、散列函数、封装协议、封装模式和密钥有效期等。而执行协商任务的协议就叫做互联网密钥交换协议(IKE)。IKE 的作用主要包括:

- 对建立 IPSec 的双方进行认证(需要预先协商认证方式)。
- 通过密钥交换,产生用于加密和 HMAC 使用的随机密钥。
- 协商协议参数(加密协议、散列函数、封装协议、封装模式和密钥有效期)。

协商完成后的结果就叫做安全关联(SA),也可以说 IKE 建立了安全关联。SA 一共有两种类型,一种叫做 IKE SA,另一种叫做 IPSec SA。IKE SA 的作用是维护对 IKE 协议进行保护的方式(加密协议、散列函数、认证方式、密钥有效期等)。IPSec SA 的作用则是维护如何对实际用户流量进行保护的方式。

IKE 由 3 个协议组成,即 SKEME、Oakley 和 ISAKMP,它们的作用分别如下:

- SKEME 决定了 IKE 的密钥交换方式,IKE 主要使用 DH 来实现密钥交换。
- Oakley 决定了 IPSec 的框架设计,让 IPSec 能够支持更多的协议。
- ISAKMP 是 IKE 的本质协议,它决定了 IKE 协商包的封装格式,交换过程和模式的切换。由于 ISAKMP 是 IKE 的核心协议,因此 IKE 和 ISAKMP 这两个术语经常替换使用,例如,IKE SA 也经常被说成是 ISAKMP SA。而且在配置 IPSec VPN 时,需要配置内容也是 ISAKMP。

IKE 协商分为两个不同阶段:第一阶段和第二阶段。第一阶段协商可以使用两种方式来完成:一种是交换 6 个数据包的主模式(main mode),另一种是交换 3 个数据包的主动模式(aggressive mode),第一阶段协商的主要目的就是对建立 IPSec 的双方进行认证,以确保只有合法的对等体(peer)才能够建立 IPSec VPN。协商得到的结果就是建立 IKE SA。第二阶段只能使用交换 3 个数据包的快速模式(quick mode)来实现,第二阶段的主要目的就是根据需要加密的实际流量(感兴趣流)来协商保护这些流量的策略。协商的结果就是建立 IPSec SA,如图 3-19 所示。

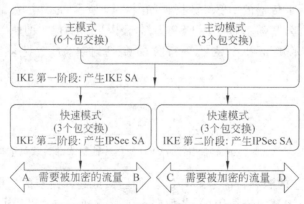

图 3-19   IKE 的两个阶段与三个模式

3.3.1 第一阶段的协商——主模式

与主动模式相比,主模式的使用更为广泛。以思科公司的 IPSec VPN 为例,只有通过预共享密钥认证的远程访问 VPN 才会采用主动模式来完成 IKE SA 的协商。即使是使用证书认证的远程访问 VPN 也是通过 6 个数据包交换的主模式来完成的。

限于篇幅,本书仅对主模式的 6 个数据包和快速模式的 3 个数据包这 9 个数据包的交换细节进行介绍。

在主模式中,通信双方一共要交换 6 个 ISAKMP 数据包,这个过程可以分为 1-2、3-4 和 5-6 三次数据包交换。

1. 主模式 IKE 1-2 包交换

图 3-20 为主模式 IKE 1-2 数据包的交换过程。

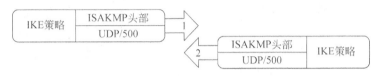

图 3-20　主模式数据包 1-2 的交换

主模式数据包 1-2 交换主要负责完成两个任务:第一是核对接收到的 ISAKMP 数据包的源 IP 地址,以确认收到的 ISAKMP 数据包是由合法的对等体(peer)发送过来的;第二个任务就是协商 IKE 策略。

(1) 验证 ISAKMP 数据包的源 IP 地址。设站点一(互联网 IP 地址 202.100.1.1)和站点二(互联网 IP 地址 61.128.1.1)之间需要建立 IPSec VPN。因此需要在站点一上将对等体地址指定为 61.128.1.1,而站点二上将对等体地址指定为 202.100.1.1。于是,当站点二接收到第一个 ISAKMP 数据包时,它就会查看这个 ISAKMP 数据包的源 IP 地址,如果它的源 IP 地址的确是 202.100.1.1,站点二就会接收这个数据包,但若不是这个 IP 地址,站点二则会终止整个协商进程。

(2) 协商 IKE 策略。在 IKE 1-2 包交换的过程中,IKE 策略协商才是它主要的任务,策略包含如下几个内容:

* 加密策略。
* 散列函数。
* DH 组。
* 认证方式。
* 密钥有效期。

既然叫 IKE 策略,就表示这是对 IKE 数据包进行处理的策略。以加密策略为例,它决定了加密主模式的第 5、6 个数据包和快速模式的第 1～3 个数据包的策略。在第一个数据包中,发起方会把本地配置的所有策略一起发送给接收方,由接收方从中挑出一个可以接收的策略,并且通过第二个 IKE 包发回给发送方,向发送方指明它所选择的那个策略。

图 3-21 详细地介绍了接收方选择策略的顺序,接收方首先用本地优先的策略(Policy 10)来检查对方所发送过来的全部策略。如果不匹配,就由下一个优先的策略来检查,直到找到一个匹配的策略为止。

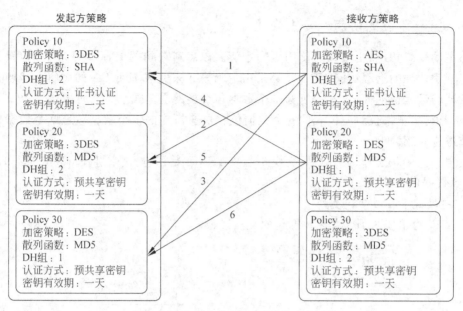

图 3-21   接收方选择 IKE 策略示意图

在图 3-21 所示的 IKE 1-2 包交换后，双方协商出了如下的 IKE 策略：

- 加密策略：DES。
- 散列函数：MD5。
- DH 组：1。
- 认证方式：预共享密钥。
- 密钥有效期：一天。

有了这些结果，在交换后续 IKE 3-4 和 5-6 包时，就可以使用这套策略来处理了。

注意：上述策略不是用于加密实际通信点之间流量的策略。通信的双方会在第二阶段的快速模式中协商用于处理感兴趣流（通信点之间的流量称为感兴趣流）的策略。

2. 主模式 IKE 3-4 包交换

图 3-22 为主模式 IKE 3-4 数据包的交换过程。

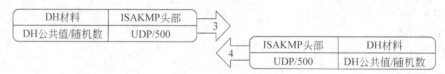

图 3-22   主模式数据包 IKE 3-4 的交换

IKE 1-2 包交换已经协商出了 IKE 策略，但通过这些加密策略和散列函数来保护 IKE 数据都需要使用密钥，而这里使用的密钥就会在 IKE 3-4 数据包交换的过程中通过 DH 算法来产生。

3. 主模式数据包 5-6 的交换

图 3-23 为主模式 IKE 5-6 数据包的交换过程。

IKE 第一阶段的主要任务就是认证，而 IKE 5-6 包交换就是在安全的环境下进行认证。上文中的 IKE 1-2 和 3-4 交换，只是在为 IKE 5-6 包交换的认证做铺垫，其中 IKE 1-2 包交

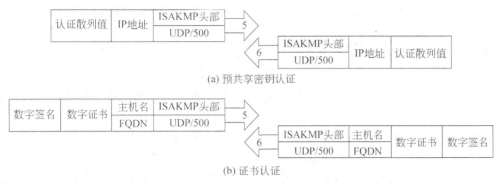

图 3-23　主模式数据包 IKE 5-6 的交换

换负责为认证协商策略(例如认证策略、加密策略和散列函数等),IKE 3-4 包则负责交换为保护 IKE 5-6 包的安全算法提供密钥资源。从 IKE 主模式的第 5-6 包开始往后,都会使用 IKE 1-2 包交换所协商的加密与 HMAC 算法进行安全保护。

IPSec VPN 的认证方式有 3 个:

- 预共享密钥认证。
- 证书认证。
- RSA 加密随机数认证。

其中,预共享密钥认证顾名思义就是需要在收发双方先配置一个相同的共享秘密 (share secret),认证时,双方相互交换由这个共享秘密所制造的散列值来进行认证。

图 3-24 为预共享密钥认证的示意图。

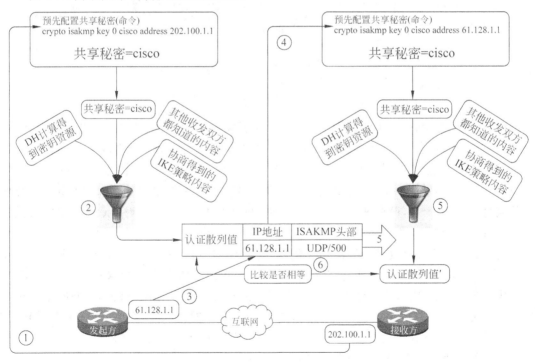

图 3-24　预共享密钥认证

步骤 1：发起方根据接收方 IP 地址，查询本地 IPSec 配置，找到与其对应的预共享秘密。

步骤 2：发起方利用预共享秘密和 IKE 策略内容、DH 计算的密钥资源，还有其他一些接收双方都知道的内容进行散列计算，得到的结果就是"认证散列值"。

步骤 3：发起方把"认证散列值"和本地加密点 IP 地址放入第 5 个 IKE 数据包中，加密后发送给接收方。

步骤 4：接收方首先对收到的第 5 个 IKE 数据包进行解密，提取出发起方的 IP 地址，并且根据发起方的 IP 地址查询本地的 IPSec 配置，找出对应的预共享秘密。

步骤 5：接收方利用查询到的共享秘密和其他双方已知内容计算散列值，得到"认证散列值'"。

步骤 6：接收方把从第 5 个 IKE 数据包中提取出来的"认证散列值"和步骤 5 中计算出来"认证散列值'"进行比对，如果相等，接收方就成功认证了发起方。

接下来，接收方还需要通过相同的方式来发送第 6 个 IKE 数据包，让发起方认证接收方。

3.3.2　第二阶段的协商——快速模式

下面介绍 IKE 第二阶段协商的过程。在快速模式中，双方需要通过 3 个数据包来完成第二阶段的协商，如图 3-25 所示。

图 3-25　快速模式数据包 1-3 的交换

如图所示，在 IKE 快速模式第 2 个和第 3 个数据包中，都出现了安全参数索引（SPI）这个字段。这个字段在图 3-11 中进行过简要的介绍，它的作用是唯一地标识一个 IPSec SA。这里必须说明一点，第一阶段协商的 IKE SA 是双向的 SA，而第二阶段协商的 IPSec SA 则是单向的 SA。也就是说，快速模式第二个数据包中的 SPI 标识的是用来保护发起方到接收方的流量的 IPSec SA，而快速模式第三个数据包中的 SPI 标识的则是用来保护接收方到发起方的流量的 IPSec SA。

此外，在 IKE 快速模式 1-2 数据包的交换过程中，还包含了一个 PFS 字段，若启用 PFS 特性，在 IKE 快速模式 1-2 数据包交换时，协商 SA 的双方设备就会再进行一次 DH 交换，发送执行 DH 交换需要使用的参数，并由此产生用来处理感兴趣流的密钥。同时双方设备每个小时都会进行一次全新的 DH 交换，产生下一个小时使用的密钥。若不启用 PFS 特性，那么加密感兴趣流的密钥就是通过主模式 3-4 数据包的 DH 交换时所产生的共享密钥衍生出来的。因而这两个密钥之间存在推衍关系。

交换这 3 个数据包的主要目的是在安全的环境下，协商处理感兴趣流的 IPSec 策略，这部分策略包含如下 6 个内容：

- 感兴趣流。
- 加密策略。
- 散列函数。
- 封装协议。
- 封装模式。
- 密钥有效期。

图 3-26 为 IKE 快速模式 1-2 数据包的交换过程中接收方策略选择过程的示意图。

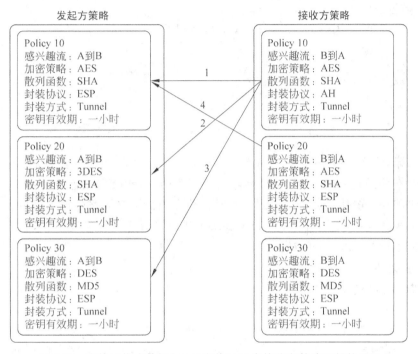

图 3-26　在快速模式数据包 1-2 交换过程中接收方策略选择的过程

　　如图所示，在 IKE 快速模式第一个数据包中，发起方会把感兴趣流相关的 IPSec 策略一起发送给接收方，并由接收方来选择适当的策略。这个过程与图 3-21 所示的 IKE 主模式 1-2 数据包交换时接收方选择 IKE 策略的工作方式相同。

　　通过协商，得出的 IPSec 策略如下：

- 感兴趣流为从 A 到 B 的流量。
- 使用 ESP 进行隧道封装。
- 使用 AES 进行加密。
- 使用 SHA 对数据进行 HMAC 验证。
- 密钥有效期为一小时。

　　上述策略协商完毕后，就会产生相应的 IPSec SA。

　　综上所述，IKE 第二阶段协商的主要任务是：通过第一阶段协商所建立起来的安全环境，为具体的感兴趣流协商相应的 IPSec SA。

　　此外，SPI 和 PFS 也值得特别关注。SPI 用于唯一标识一个单向的 IPSec SA。PFS 则可以使每一次密钥更新之前都进行一次独立的 DH 交换，产生全新的密钥。

3.4 经典站点到站点 IPSec VPN

站点到站点是 VPN 的一种主要的连接方式，用于加密站点间的流量。接下来以建立 VPN 的两端都是思科路由器为例，介绍如何配置站点到站点 IPSec VPN。

3.4.1 实际接线图与实验拓扑

1. 实际接线图

图 3-27 为 IPSec VPN 实验环境的实际接线图。

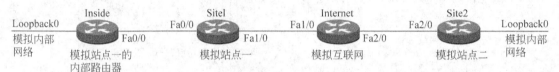

图 3-27 IPSec VPN 实验环境的实际接线图

如图所示，本次实验一共需要使用 4 台路由器，由左至右分别模拟公司站点一内部路由器(Inside)、公司站点一(Site1)、互联网路由器(Internet)和公司站点二(Site2)。同时路由器 Inside 和 Site2 分别使用 Loopback0 来模拟公司内部网络。路由器 Inside 和 Site1 使用接口 Fa0/0 实现对接，路由器 Site1 和 Internet 使用接口 Fa1/0 实现对接，路由器 Internet 和 Site2 使用接口 Fa2/0 实现对接。

2. 实验拓扑

图 3-28 为该环境的逻辑拓扑。

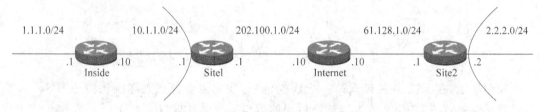

图 3-28 经典 IPSec VPN 实验拓扑

在图 3-28 所示的经典 IPSec VPN 实验拓扑中，Site1(202.100.1.1)和 Site2(61.128.1.1)是两个 VPN 站点连接互联网的网关路由器，同时它们也是 IPSec VPN 的加密设备。本实验的通信网络为 Inside 路由器身后的 1.1.1.0/24 网络和 Site2 身后的 2.2.2.0/24 网络。实验的目的是在 Site1 和 Site2 之间建立隧道模式的 IPSec VPN，以保护通信网络之间的流量。

3.4.2 环境分析

路由在整个 IPSec VPN 配置中占有非常重要的地位。如果没有解决好路由问题，IPSec VPN 就会在建立隧道或加密感兴趣流的时候出现问题。

图 3-29 为这个 IPSec VPN 实验环境中需要解决的路由问题。

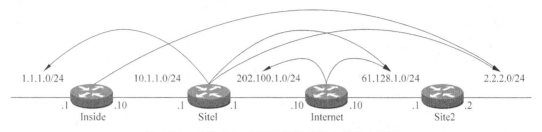

图 3-29　经典 IPSec VPN 实验环境中的路由问题

在经典的 IPSec VPN 环境中，一共有以下三大类设备需要解决路由问题：

（1）加密设备（加密点），如本例中的 Site1。需要解决以下问题：

- 需要解决去往本地通信点（即本例中 1.1.1.0/24 网络）的路由。
- 需要解决去往远端通信点（即本例中 61.128.1.1/32 接口）的路由。
- 需要解决去往远端加密点（即本例中 2.2.2.0/24 网络）的路由。

（2）互联网设备，如本例中的 Internet。需要解决去往两个加密点（即本例中 202.100.1.1/32 和 61.128.1.1/32 两个接口）的路由。

（3）内部通信设备（通信点），如本例中 Inside 路由器的环回接口 Lo0：1.1.1.1/24 所模拟的终端网络。需要解决去往远端通信点的路由（2.2.2.0/24）。

在配置路由之前，首先需要在这几台设备上完成初始化配置，如例 3-1 到例 3-4 所示。

例 3-1　Inside 上的基本配置

```
enable
configure terminal
!
hostname Inside
!
interface Loopback0
  ip address 1.1.1.1 255.255.255.0
!
interface FastEthernet0/0
  ip address 10.1.1.10 255.255.255.0
  no shutdown
!
end
```

例 3-2　Site1 上的基本配置

```
enable
configure terminal
!
hostname Site1
!
interface FastEthernet0/0
  ip address 10.1.1.1 255.255.255.0
  no shutdown
```

```
!
interface FastEthernet1/0
  ip address 202.100.1.1 255.255.255.0
  no shutdown
!
end
```

例 3-3　Internet 上的基本配置

```
enable
configure terminal
!
hostname Internet
!
interface FastEthernet1/0
  ip address 202.100.1.10 255.255.255.0
  no shutdown
!
interface FastEthernet2/0
  ip address 61.128.1.10 255.255.255.0
  no shutdown
!
end
```

例 3-4　Site2 上的基本配置

```
enable
configure terminal
!
hostname Site2
!
interface Loopback0
  ip address 2.2.2.2 255.255.255.0
!
interface FastEthernet2/0
  ip address 61.128.1.1 255.255.255.0
  no shutdown
end
```

下一步是在各个设备上配置路由。由于路由器 Internet 拥有两个加密点(202.100.1.1/32 和 61.128.1.1/32)的直连路由,所以不需要再配置任何路由。另外 3 台设备的路由配置会在接下来的例 3-5、例 3-6 和例 3-7 中进行介绍。为了详细展示各台设备上需要配置的路由,本例中的所有路由都会统一通过静态路由来实现。

例 3-5　Site1 上的路由配置

```
Site1(config)# ip route 1.1.1.0 255.255.255.0 10.1.1.10
Site1(config)# ip route 2.2.2.0 255.255.255.0 202.100.1.10
```

```
Site1(config)# ip route 61.128.1.1 255.255.255.255 202.100.1.10
```

例 3-6 Site2 上的路由配置

```
Site2(config)# ip route 1.1.1.0 255.255.255.0 61.128.1.10
Site2(config)# ip route 202.100.1.1 255.255.255.255 61.128.1.10
```

注意：由于路由器 Site2 拥有本地通信点 2.2.2.2/32 的直连路由，因此无须配置去往该地址的路由。

例 3-7 Inside 上的路由配置

```
Inside(config)# ip route 2.2.2.0 255.255.255.0 10.1.1.1
```

在实际环境中，加密设备更多是使用默认路由来提供远端通信点路由和远端加密点路由，本次实验之所以使用明细的静态路由进行配置，只是为了把路由问题解释得更加精确。

3.4.3 IOS IPSec VPN 的配置

在完成了基本的配置之后，接下来需要配置 IPSec VPN。

首先激活 ISAKMP，方法如例 3-8 所示。

例 3-8 激活 ISAKMP

```
Site1(config)# crypto isakmp enable
```

注意：ISAKMP 默认已经激活。

在 IKE 第一阶段中，根据以下策略配置 IKE 第一阶段策略：

- 加密算法：3DES(默认为 DES)。
- 散列算法：MD5(默认为 SHA-1)。
- 认证方式：预共享密钥(默认为数字签名认证)。
- DH 交换：Group 2(默认为 Group 1)。
- 预共享密钥的秘密：L2Lkey。

Site1 上的具体配置方法如例 3-9 所示。

例 3-9 配置 IKE 第一阶段策略

```
Site1(config)# crypto isakmp policy 10
Site1(config-isakmp)# encr 3des
Site1(config-isakmp)# hash md5
Site1(config-isakmp)# authentication pre-share
Site1(config-isakmp)# group 2
Site1(config)# crypto isakmp key 0 L2Lkey address 61.128.1.1
```

注意：默认生存时间(lifetime)为一天(86 400s)，不建议修改。

可以在 Site1 上使用命令 show crypto isakmp policy 来查询第一阶段策略的配置结果。

L2Lkey 只负责对对等体的身份进行认证，加密时使用的密钥是 DH 产生的随机密钥。

下面继续配置 IKE 第二阶段策略。

首先，使用访问控制列表(ACL)定义需要进行加密的流量，也就是感兴趣流。Site1 上的具体配置方法如例 3-10 所示。

例 3-10 定义感兴趣流

```
Site1(config)# ip access-list extended site1vpn
Site1(config-ext-nacl)# permit ip 1.1.1.0 0.0.0.255 2.2.2.0 0.0.0.255
```

注意：site1vpn 是对这个扩展访问列表的命名，稍后在加密映射中调用转换集时，需要使用这个名称。这个名称仅具有本地意义，因此对等体双方无须一致。

接下来，按照以下策略来配置转换集（即定义 IPSec 策略），方法如例 3-11 所示：

- 封装方式：ESP。
- 加密方式：DES。
- 完整性校验：MD5-hmac。

例 3-11 配置转换集（IPSec 策略）

```
Site1(config)# crypto ipsec transform-setsite1Trans esp-des esp-md5-hmac
```

注意：site1Trans 是对这个转换集的命名，稍后在加密映射中调用转换集时，需要使用这个名称。这个名称仅具有本地意义，因此对等体双方无须一致。

在定义了感兴趣流和转换集之后，下一步是创建加密映射（Crypto map），在其中调用上文中定义的感兴趣流和转换集，并设置 VPN 的对等体。Site1 上的具体配置方法如例 3-12 所示。

例 3-12 配置 Crypto map

```
Site1(config)# crypto map cry-map110 ipsec-isakmp
Site1(config-crypto-map)# match address site1vpn
Site1(config-crypto-map)# set transform-set site1Trans
Site1(config-crypto-map)# set peer 61.128.1.1
```

注意：10 标识一个 VPN，一个映射（map）中可以配置多个 ID。而 cry-map1 则是对这个加密映射的命名，稍后在接口下调用这个加密映射时，需要使用这个名称。这个名称仅具有本地意义，因此对等体双方无须一致。

上面定义的加密映射规定，所有匹配 site1vpn 这个访问控制列表（access-list）的流量都要执行 site1Trans 这个转换集的策略，其 VPN 对等体地址为 61.128.1.1。

下面，需要将这个 Crypto map 应用到相应的接口下。如图 3-26 所示，在路由器 Site1 上，这个加密映射显然应该应用在接口 Fa1/0 下。具体的配置方式如例 3-13 所示。

例 3-13 将 Crypto map 应用到接口 Fa1/0

```
Site1(config)# interface FastEthernet1/0
Site1(config-if)# crypto map cry-map1
```

注意：一个接口下只能应用一个加密映射。

上面是在 Site1 上配置 IOS IPSec VPN 的全部必需配置，如果需要对 PFS 和 IPSec SA 的生存时间进行配置和调整，可以使用例 3-14 中所示的命令来实现。

例 3-14 对 PFS 和 SA 生存时间进行调整

```
Site1(config)# crypto map cry-map 10 ipsec-isakmp
Site1(config-crypto-map)# set pfs group2
```

```
Site1(config-crypto-map)# set security-association lifetime seconds 1800
```

下面还需在路由器 Site2 上执行对应的配置,配置方法如例 3-15 所示。

例 3-15 Site2 上的配置

```
Site2(config)# crypto isakmp policy 10
Site2(config-isakmp)# encr 3des
Site2(config-isakmp)# hash md5
Site2(config-isakmp)# authentication pre-share
Site2(config-isakmp)# group 2
Site2(config-isakmp)# exit
Site2(config)# crypto isakmp key 0 L2Lkey address 202.100.1.1
Site2(config)# ip access-list extended site2vpn
Site2(config-ext-nacl)# permit ip 2.2.2.0 0.0.0.255 1.1.1.0 0.0.0.255
Site2(config-ext-nacl)# exit
Site2(config)# crypto ipsec transform-set site2Trans esp-des esp-md5-hmac
Site2(cfg-crypto-trans)# exit
Site2(config)# crypto map cry-map2 10 ipsec-isakmp
Site2(config-crypto-map)# match address site2vpn
Site2(config-crypto-map)# set transform-set site2Trans
Site2(config-crypto-map)# set peer 202.100.1.1
Site2(config-crypto-map)# interface FastEthernet2/0
Site2(config-if)# crypto map cry-map2
```

注意:L2Lkey 用于对等体的认证,因此双方必须相同。至于访问控制列表、转换集和加密映射的名称,因为只具有本地意义,因此双方无须相同。为了体现这一点,上面的配置均使用了不同的命名。

注意:在转换集配置模式下,应使用命令 mode mode 来定义 IPSec 的工作模式。IPSec 有两种工作模式,即隧道模式(关键字为 tunnel)和传输模式(关键字为 transport),鉴于默认模式即为隧道模式,因此不必配置这条命令。

3.4.4 IPSec VPN 的测试

在完成 IPSec VPN 的配置之后,为了进行测试,可以在 Inside 路由器上通过扩展 ping 来制造源为 1.1.1.1,目的为 2.2.2.2 的感兴趣流,如例 3-16 所示。

例 3-16 测试 IPSec VPN

```
Inside# ping 2.2.2.2 source 1.1.1.1 repeat 100

Type escape sequence to abort.
Sending 100, 100-byte ICMP Echos to 2.2.2.2, timeout is 2 seconds:
Packet sent with a source address of 1.1.1.1
!!!!!!!!!!!!!!!!!!!!!!!!!!!!!!!!!!!!!!!!!!!!!!!!!!!!!!!!!!!!!!!!!!!!!!!!!!
!!!!!!!!!!!!!!!!!!!!!!!!!!!!!!!!
Success rate is 100 percent (100/100), round-trip min/avg/max=24/63/124 ms
```

使用命令 show crypto isakmp sa 可以查看 ISAKMP SA 的状态,在路由器 Site1 上的

输出信息如例 3-17 所示。

例 3-17 查看 ISAKMP SA 的状态

```
Site1# show crypto isakmp sa
IPv4 Crypto ISAKMP SA
dst          src          state     conn-id  slot status
61.128.1.1  202.100.1.1  QM_IDLE   1001     0 ACTIVE

IPv6 Crypto ISAKMP SA

Site1# show crypto isakmp sa detail
Codes: C -IKE configuration mode, D -Dead Peer Detection
       K -Keepalives, N -NAT-traversal
       X -IKE Extended Authentication
       psk -Preshared key, rsig -RSA signature
       renc -RSA encryption
IPv4 Crypto ISAKMP SA

C-id  Local        Remote       I-VRF  Status  Encr Hash Auth DH Lifetime Cap.
1001  202.100.1.1  61.128.1.1          ACTIVE  3des md5  psk  2  23:54:30
      Engine-id:Conn-id=SW:1

IPv6 Crypto ISAKMP SA
```

使用命令 show crypto ipsec sa 可以查看 IPSec SA 的状态,在路由器 Site1 上的输出信息如例 3-18 所示。

例 3-18 查看 IPSec SA 的状态

```
Site1# show crypto ipsec sa

interface: FastEthernet1/0
    Crypto map tag: cry-map1, local addr 202.100.1.1

    protected vrf: (none)
    local  ident (addr/mask/prot/port): (1.1.1.0/255.255.255.0/0/0)
    remote ident (addr/mask/prot/port): (2.2.2.0/255.255.255.0/0/0)
    current_peer 61.128.1.1 port 500
      PERMIT, flags={origin_is_acl,}
      #pkts encaps: 198, #pkts encrypt: 198, #pkts digest: 198
      #pkts decaps: 198, #pkts decrypt: 198, #pkts verify: 198
      #pkts compressed: 0, #pkts decompressed: 0
      #pkts not compressed: 0, #pkts compr. failed: 0
      #pkts not decompressed: 0, #pkts decompress failed: 0
      #send errors 1, #recv errors 0

      local crypto endpt.: 202.100.1.1, remote crypto endpt.: 61.128.1.1
```

```
     path mtu 1500, ip mtu 1500, ip mtu idb FastEthernet1/0
     current outbound spi: 0xA08A63D5(2693424085)

     inbound esp sas:
      spi: 0xF157706(253064966)
        transform: esp-des esp-md5-hmac ,
        in use settings ={Tunnel, }
        conn id: 1, flow_id: SW:1, crypto map: cry-map1
        sa timing: remaining key lifetime (k/sec): (4578832/3224)
        IV size: 8 bytes
        replay detection support: Y
        Status: ACTIVE

     inbound ah sas:

     inbound pcp sas:

     outbound esp sas:
      spi: 0xA08A63D5(2693424085)
        transform: esp-des esp-md5-hmac ,
        in use settings ={Tunnel, }
        conn id: 2, flow_id: SW:2, crypto map: cry-map1
        sa timing: remaining key lifetime (k/sec): (4578832/3224)
        IV size: 8 bytes
        replay detection support: Y
        Status: ACTIVE

     outbound ah sas:

     outbound pcp sas:
```

上述命令可以获得大量有用的信息,例如:

- 本地加密点地址为 202.100.1.1。
- 远端加密点地址为 61.128.1.1。
- 感兴趣流为从 1.1.1.0/24 到 2.2.2.0-/24 的流量。
- 加密数据包和解密数据包的数量均为 9 个。
- ESP 入向的 SPI 为 0xD471E771(0xF157706)。(这个 SPI 应该与 Site2 出向的 SPI 相同。)
- ESP 出向的 SPI 为 0xFCCC63A7(0xA08A63D5)。(这个 SPI 应该与 Site2 入向的 SPI 相同。)
- 处理数据包的转换集策略为 esp-des esp-md5-hmac。
- IPSec VPN 的封装模式为隧道模式(tunnel)。

此外,使用命令 show crypto session 可以查看 IPSec VPN 的摘要信息,也可以使用命令 show crypto engine connections active 来查看与 VPN 有关的活动连接,这两条命令在路由器 Site1 上的显示结果如例 3-19 所示。

例 3-19 查看 IPSec VPN 的摘要信息

```
Site1# show crypto session
Crypto session current status

Interface: FastEthernet1/0
Session status: UP-ACTIVE
Peer: 61.128.1.1 port 500
   IKE SA: local 202.100.1.1/500 remote 61.128.1.1/500 Active
   IPSEC FLOW: permit ip 1.1.1.0/255.255.255.0 2.2.2.0/255.255.255.0
        Active SAs: 2, origin: crypto map

Site1# show crypto engine connections active
Crypto Engine Connections

  ID  Interface  Type   Algorithm  Encrypt  Decrypt  IP-Address
   1  Fa1/0      IPsec  DES+ MD5         0      198  202.100.1.1
   2  Fa1/0      IPsec  DES+ MD5       198        0  202.100.1.1
1001  Fa1/0      IKE    MD5+ 3DES        0        0  202.100.1.1
```

3.5　经典 DMVPN

3.5.1　DMVPN 介绍

1. 经典站点到站点 VPN 的问题

经典的站点到站点 IPSec VPN 固然可以对数据提供多重保护,但是它却具有明显的扩展性缺陷。在拥有众多分支站点的环境中,分别为每一个路由器实施经典的站点到站点 IPSec VPN 会给配置和维护工作带来巨大的负担。

对于拥有多个分支站点的网络环境,经典站点到站点 IPSec VPN 有两种拓扑连接方式,即星形拓扑和网状拓扑,而这两种拓扑都存在明显的扩展性缺陷。

图 3-30 所示为四站点的星形拓扑连接方式。这种连接的缺陷在于过度依赖中心站点,随着设备数量的增加,这种设计不仅会使中心站点上的配置量不断增大,给管理和维护造成困难,还会因为任意两点间的流量都必然要由中心站点进行处理,而使中心站点成为带宽和数据处理的瓶颈。

因此,星形拓扑显然不是一个高扩展性的设计方案,不适合在拥有大量分支站点的网络中进行部署。

图 3-31 所示为四站点的网状拓扑连接方式。这种连接方式固然消除了因过度依赖某一个站点

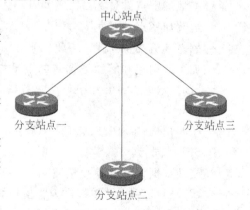

图 3-30　传统 IPSec VPN 的星形拓扑连接

而产生的隐患,但在这种环境中,由于每增加一台设备,连接的数量就要成倍增加,因此扩展性方面的问题却更为明显。随着分支站点数量的增加,不仅配置管理工作会成倍增加,同时,由于各个站点要维护的 IPSec SA 数量倍增,更会给每一台设备都带来沉重的维护负担。另外,为了维系这种全网状拓扑,每个分支站点都需要拥有固定的 IP 地址,这在实际网络环境中恐怕并不现实。

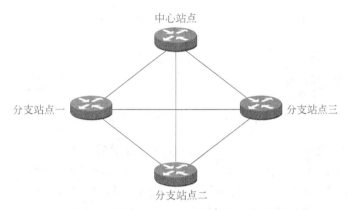

图 3-31　传统 IPSec VPN 的网状拓扑连接

2. DMVPN 的优点与构成

由于传统站点到站点的 IPSec VPN 存在扩展性方面的问题,因此思科公司提出了自己的高扩展性 IPSec VPN 解决方案,这个解决方案称为动态多点 VPN(Dynamic Multipoint VPN),简称 DMVPN。

DMVPN 的特点如下:

- 采用简单的星形拓扑,提供虚拟网状连通性。
- 支持分支站点使用动态 IP 地址。
- 增加新的分支站点,无须更改中心站点配置。
- 分支站点间流量通过动态产生的站点间隧道进行封装。

DMVPN 解决方案由 4 项(类)协议组成:

1) 动态多点 GRE(Multipoint GRE,mGRE)协议

GRE 是一项由思科公司开发的隧道协议,它的作用是将各种网络协议(IP 协议与非 IP 协议)封装到 IP 隧道内,并通过 IP 互联网络在思科路由器间创建一个虚拟的点对点隧道链接。隧道是一种隧道协议,但 GRE 没有任何安全防护机制。GRE 的封装结构如图 3-32 所示。

外层IP头部 (封装设备的IP地址)	GRE头部	内层IP头部 (实际通信设备的IP地址)	负载

图 3-32　GRE 的封装结构

如图所示,GRE 封装后的数据主要由 4 个部分组成。其中内层 IP 头部和内层实际传递数据为负载部分。在内层 IP 头部之前添加一个 GRE 头部,再在 GRE 头部之前添加一个全新的外层 IP 头部,从而实现 GRE 技术对原始 IP 数据包的封装。这就是 GRE 的工作原理。

而 DMVPN 中的 mGRE 则是一种特殊的 GRE 技术,它的 IP 协议号和 GRE 同为 47,
是一个典型的非广播多路访问(NBMA)网络,如图 3-33 所示。

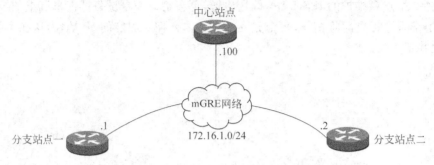

图 3-33　mGRE 拓扑

在这个环境中,各个站点的 mGRE 隧道接口都处于同一个网段(172.16.1.0/24)。虽
然采取的是星形拓扑,但 mGRE 网络中的每一个分支站点都不仅能够与中心站点进行通
信,也能够直接与其他分支站点进行通信。这就是虚拟网状连通性的优越性。

2) 下一跳解析协议(Next Hop Resolution Protocol,NHRP)

2.1.4 节已经介绍过,网络设备之间要想实现通信,必须拥有下一跳设备的物理地址。
在以太网环境中,ARP 协议的作用就是建立逻辑地址(IP 地址)与物理地址(MAC 地址)之
间的映射关系。因此,在 mGRE 网络中,也必须映射逻辑地址到物理地址。其中,mGRE 隧
道的虚拟地址就是逻辑地址,而各个站点上静态配置或动态获取的公有 IP 地址就是物理地
址。下一跳解析协议(NHRP)的作用就是建立它们之间的映射关系。

首先,每一个分支站点都需要手动建立中心站点虚拟 IP 和公有 IP 地址之间的映射关
系,因此中心站点必须拥有固定 IP 地址。一旦分支站点拥有了这个手动建立的映射,它们
就能够与中心站点进行通信,并且通过 NHRP 协议在中心站点上注册这个分支站点的地址
映射关系。注册成功后,中心站点就获得了所有分支站点的 NHRP 映射,于是,中心站点也
能够访问所有注册后的分支站点了。

由于注册是一个动态的过程,因此在 DMVPN 环境中,分支站点可以使用动态获取的
地址。当某个分支站点希望访问另外一个分支站点时,它会首先使用 NHRP 协议向中心站
点(NHRP 的服务器)查询目的分支站点隧道虚拟 IP 所对应的公网 IP 地址;在接收到查询
消息后,中心站点会将 NHRP 映射发送给发起方;发起方收到了目的站点的 NHRP 映射,
就能够通过 mGRE 直接建立隧道来访问目的站点了。

3) 动态路由协议

动态路由协议的主要目的是宣告隧道网络和站点身后私有网络,让每一个站点都能学
习到其他站点身后网络的路由。

mGRE 支持的路由协议包括 RIP、EIGRP、OSPF、ODR 和 BGP。

4) IPSec 技术

mGRE 和 GRE 一样不具备加密功能,因此需要通过 IPSec 对 mGRE 流量进行加密。
从这个角度来看,DMVPN 也可以理解为是 mGRE over IPSec。图 3-34 所示即为 DMVPN
数据封装的示意图。

原始数据	IP头部 源：站点X的内部IP 目的：站点Y的内部IP	IP负载				

GRE封装后	IP头部 源：站点X的公网IP 目的：站点Y的公网IP	GRE	IP头部 源：站点X的内部IP 目的：站点Y的内部IP	IP负载	

DMVPN加密后 （传输模式）	IP头部 源：站点X的公网IP 目的：站点Y的公网IP	ESP	GRE	IP头部 源：站点X的内部IP 目的：站点Y的内部IP	IP负载

图 3-34　DMVPN 封装示意图

3.5.2　实际接线图与实验拓扑

1．实际接线图

图 3-35 为经典 DMVPN 的实际接线图。

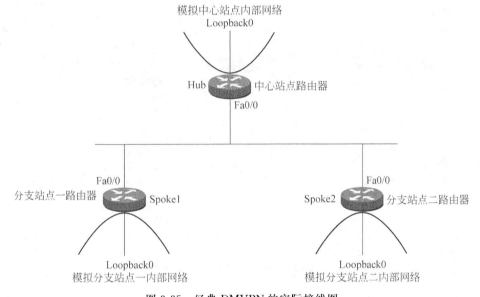

图 3-35　经典 DMVPN 的实际接线图

如图所示，本实验一共需要使用 3 台路由器，分别模拟中心站点（Hub）、分支站点一（Spoke1）和分支站点二（Spoke2）。路由器 Hub、Spoke1 和 Spoke2 的 Fa0/0 接口桥接到一起，模拟互联网网络。Hub 的环回口（Loopback0）模拟中心站点内部网络，Spoke1 的环回口（Loopback0）模拟分支站点一内部网络，Spoke2 的环回口（Loopback0）模拟分支站点二内部网络。

2．实验拓扑

图 3-36 和图 3-37 分别为经典 DMVPN 的物理实验拓扑和逻辑拓扑图。

这次实验主要目的是在 3 个站点间使用 DMVPN 技术，建立站点到站点的 IPSec VPN。

在图 3-36 所示的环境中，202.100.1.0/24 模拟互联网，中心站点 IP 地址为 202.100.

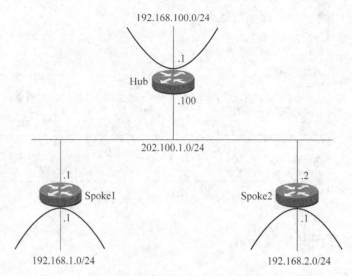

图 3-36　经典 DMVPN 的实验拓扑

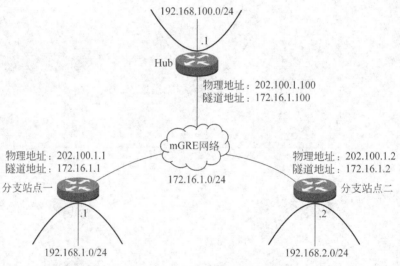

图 3-37　经典 DMVPN 的逻辑拓扑

1.100,分支站点一 IP 地址为 202.100.1.1,分支站点二为 202.100.1.2。192.168.X.0/24 分别模拟各站点内部网络。

在图 3-37 中,172.16.1.0/24 为 mGRE 隧道网络。中心站点 mGRE 隧道接口地址为 172.16.1.100,分支站点一隧道接口地址为 172.16.1.1,分支站点二隧道接口地址为 172.16.1.2。

本次实验需要在 mGRE 隧道网络和各站点内部网络,运行动态路由协议 EIGRP,并使用 DMVPN 技术在各站点间动态建立隧道。

3.5.3　基本网络配置

本部分的主要任务是配置基本网络,为后续的配置与测试搭建网络环境。例 3-20、例

3-21 和例 3-22 分别为 IIub、Spoke1 和 Spoke2 上的基本网络配置。

例 3-20 Hub 上的基本网络配置

```
enable
configure terminal
!
hostname Hub
!
interface Loopback0
  ip address 192.168.100.1 255.255.255.0
!
interface FastEthernet0/0
  ip address 202.100.1.100 255.255.255.0
no shutdown
end
```

例 3-21 Spoke1 上的基本网络配置

```
enable
configure terminal
!
hostname Spoke1
!
interface Loopback0
  ip address 192.168.1.1 255.255.255.0
!
interface FastEthernet0/0
  ip address 202.100.1.1 255.255.255.0
  no shutdown
end
```

例 3-22 Spoke2 上的基本网络配置

```
enable
configure terminal
!
hostname Spoke2
!
interface Loopback0
  ip address 192.168.2.1 255.255.255.0
!
interface FastEthernet0/0
  ip address 202.100.1.2 255.255.255.0
no shutdown
!
end
```

3.5.4 mGRE 与 NHRP 的配置

配置 DMVPN 的第一步是配置 mGRE。在配置 mGRE 方面，除地址外，3 台设备上的配置毫无差别，具体配置方法如例 3-23、例 3-24 和例 3-25 所示。

例 3-23 Hub 上的 mGRE 配置

```
Hub(config)# interface tunnel 0
Hub(config-if)# ip address 172.16.1.100 255.255.255.0
Hub(config-if)# tunnel mode gre multipoint
Hub(config-if)# tunnel source fastEthernet 0/0
Hub(config-if)# tunnel key 12345
```

例 3-24 Spoke1 上的 mGRE 配置

```
Spoke1(config)# interface tunnel 0
Spoke1(config-if)# ip address 172.16.1.1 255.255.255.0
Spoke1(config-if)# tunnel mode gre multipoint
Spoke1(config-if)# tunnel source fastEthernet 0/0
Spoke1(config-if)# tunnel key 12345
```

例 3-25 Spoke2 上的 mGRE 配置

```
Spoke2(config)# interface tunnel 0
Spoke2(config-if)# ip address 172.16.1.2 255.255.255.0
Spoke2(config-if)# tunnel mode gre multipoint
Spoke2(config-if)# tunnel source fastEthernet 0/0
Spoke2(config-if)# tunnel key 12345
```

注意：命令 tunnel mode 的作用是配置隧道模式，在本例中，隧道的模式为 mGRE。命令 tunnel key 的作用则是配置用来标识隧道接口的密钥。

为了保证 mGRE 能够正常工作，在配置 mGRE 时应同时配置 NHRP。

在配置 NHRP 方面，3 台设备上的配置则存在明显的区别：Hub 设备上需要通过命令 ip nhrp map multicast dynamic 指定由该设备动态接收 NHRP 的多播映射。而 Spoke 设备上则需要手动指定 Hub 站点的 NHRP 映射关系（即将 172.16.1.100 映射为 201.100.1.100）、需要将分支站点的多播传送到哪个物理地址（也就是 Hub 站点的物理地址），以及 NHRP 服务器的地址（即 Hub 的物理地址）。

具体配置方法如例 3-26、例 3-27 和例 3-28 所示。

例 3-26 Hub 上的 NHRP 配置

```
Hub(config-if)# ip nhrp network-id 10
Hub(config-if)# ip nhrp authentication cisco
Hub(config-if)# ip nhrp map multicast dynamic
```

例 3-27 Spoke1 上的 NHRP 配置

```
Spoke1(config-if)# ip nhrp network-id 10
Spoke1(config-if)# ip nhrp authentication cisco
```

```
Spoke1(config-if)# ip nhrp map 172.16.1.100 202.100.1.100
Spoke1(config-if)# ip nhrp map multicast 202.100.1.100
Spoke1(config-if)# ip nhrp nhs 172.16.1.100
```

例 3-28 Spoke2 上的 NHRP 配置

```
Spoke2(config-if)# ip nhrp network-id 10
Spoke2(config-if)# ip nhrp authentication cisco
Spoke2(config-if)# ip nhrp map 172.16.1.100 202.100.1.100
Spoke2(config-if)# ip nhrp map multicast 202.100.1.100
Spoke2(config-if)# ip nhrp nhs 172.16.1.100
```

注意：建议所有站点都使用相同的 network-id。

注意：命令 ip nhrp authentication 的作用是启用 NHRP 认证,密码为 cisco。显然,这 3 台设备的 NHRP 密码必须相同。

3.5.5 NHRP 的测试

mGRE 和 NHRP 配置后,需要对 mGRE 和 NHRP 进行测试。例 3-29 所示为在 Hub 上查询到的 NHRP 注册信息,其中可以看到 Spoke1 和 Spoke2 的动态(Type：dynamic)注册信息。

例 3-29 Hub 上的 NHRP 注册信息

```
Hub# show ip nhrp
172.16.1.1/32 via 172.16.1.1, Tunnel0 created 00:04:24, expire 01:55:35
  Type: dynamic, Flags: unique registered
  NBMA address: 202.100.1.1
172.16.1.2/32 via 172.16.1.2, Tunnel0 created 00:03:13, expire 01:56:46
  Type: dynamic, Flags: unique registered
  NBMA address: 202.100.1.2
```

例 3-30 所示为 Spoke1 上查看到的 NHRP 映射信息,其中可以看到 Hub 的静态 (Type：static)NHRP 映射。

例 3-30 Spoke1 上的 NHRP 映射信息

```
Spoke1# show ip nhrp
172.16.1.100/32 via 172.16.1.100, Tunnel0 created 00:05:19, never expire
  Type: static, Flags: used
  NBMA address: 202.100.1.100
```

在确认了 NHRP 在中心站点和分支站点已经正常工作后,可以在分支站点一(Spoke1) 向分支站点二(Spoke2)发起 ping 测试,如例 3-31 所示。这个测试的主要目的是检查 NHRP 的动态解析功能。

例 3-31 在 Spoke1 上对 Spoke2 发起 ping 测试

```
Spoke1# ping 172.16.1.2

Type escape sequence to abort.
```

```
Sending 5, 100-byte ICMP Echos to 172.16.1.2, timeout is 2 seconds:
!.!!!
Success rate is 100 percent (5/5), round-trip min/avg/max=16/89/124 ms
```

注意,DMVPN 为了实现零丢包特性,在分支站点一(Spoke1)没有获得 NHRP 动态解析之前,中心站点(Hub)会帮助分支站点一(Spoke1)代为转发几个数据包,例 3-31 中第一个"!"代表的就是这个数据包。

而当分支站点一(Spoke1)通过 NHRP 协议获得了动态解析之后,分支站点一(Spoke1)就会直接与分支站点二(Spoke2)建立 mGRE 隧道进行通信。此时分支站点一要访问分支站点二需要进行一次 ARP 查询。由于 ARP 的超时,造成丢包,也就产生了第二个".."。后续的 3 个数据包则是直接在两个分支站点间进行转发的。

3.5.6　动态路由协议 EIGRP 的配置

配置 DMVPN 的第二步是配置动态路由协议。本次实验选择使用 EIGRP 作为在 mGRE 隧道网络与各站点内部网络配置的动态路由协议。例 3-32、例 3-33 和例 3-34 分别展示了在中心站点(Hub)、分支站点一(Spoke1)和分支站点二(Spoke2)上配置动态路由协议 EIGRP 的方法。

例 3-32　在 Hub 上配置动态路由协议 EIGRP

```
Hub(config)# router eigrp 100
Hub(config-router)# no auto-summary
Hub(config-router)# network 172.16.1.0 0.0.0.255
Hub(config-router)# network 192.168.100.0 0.0.0.255
```

例 3-33　在 Spoke1 上配置动态路由协议 EIGRP

```
Spoke1(config)# router eigrp 100
Spoke1(config-router)# no auto-summary
Spoke1(config-router)# network 172.16.1.0 0.0.0.255
Spoke1(config-router)# network 192.168.1.0 0.0.0.255
```

例 3-34　在 Spoke2 上配置动态路由协议 EIGRP

```
Spoke2(config)# router eigrp 100
Spoke2(config-router)# no auto-summary
Spoke2(config-router)# network 172.16.1.0 0.0.0.255
Spoke2(config-router)# network 192.168.2.0 0.0.0.255
```

3.5.7　EIGRP 的测试与调整

在完成动态路由的配置之后,可以在中心站点 Hub 上查看 EIGRP 的邻居关系,如例 3-35 所示,此时中心站点(Hub)已经与两个分支站点建立了 EIGRP 的邻居关系。

例 3-35　查看 Hub EIGRP 邻居关系

```
Hub# show ip eigrp neighbors
IP-EIGRP neighbors for process 100
```

H	Address	Interface	Hold Uptime	SRTT	RTO	Q	Seq
			(sec)	(ms)		Cnt	Num
1	172.16.1.2	Tu0	11 00:00:17	90	5000	0	5
0	172.16.1.1	Tu0	12 00:00:48	107	5000	0	5

在中心站点(Hub)上查看通过 EIGRP 学习到的路由,如例 3-36 所示。可以发现中心站点(Hub)已经学习到了两个分支站点内部网络的路由。

例 3-36 查看 Hub 通过 EIGRP 学习到的路由

```
Hub# show ip route eigrp
D   192.168.1.0/24 [90/297372416] via 172.16.1.1, 00:01:17, Tunnel0
D   192.168.2.0/24 [90/297372416] via 172.16.1.2, 00:00:53, Tunnel0
```

但若在分支站点(Spoke1)上查看 EIGRP 的邻居关系,则会发现分支站点只会和中心站点建立动态路由协议的邻居关系,而分支站点间没有邻居关系,如例 3-37 所示。这是因为只有在中心站点和分支站点间才存在多播映射,而分支站点与分支站点间不存在多播映射,所以分支站点之间无法直接建立邻居关系。

例 3-37 查看 Spoke1 上的 EIGRP 邻居关系

```
Spoke1# show ip eigrp neighbors
IP-EIGRP neighbors for process 100
```

H	Address	Interface	Hold Uptime	SRTT	RTO	Q	Seq
			(sec)	(ms)		Cnt	Num
0	172.16.1.100	Tu0	14 00:01:55	127	5000	0	7

若在分支站点一(Spoke1)上查看通过 EIGRP 学习到的路由,则会发现分支站点只学习到了中心站点内部网络的路由,而没有学习到其他分支站点内部网络的路由,如例 3-38 所示。这是中心站点隧道接口的水平分割特性所导致的。

例 3-38 查看 Spoke1 通过 EIGRP 学习到的路由

```
Spoke1# show ip route eigrp
D   192.168.100.0/24 [90/297372416] via 172.16.1.100, 00:02:20, Tunnel0
```

为了解决分支站点只能够学习中心站点内部网络路由的问题,需要在中心站点(Hub)的隧道接口上关闭水平分割特性,如例 3-39 所示。

例 3-39 在中心站点(Hub)的隧道接口关闭水平分割特性

```
Hub(config)# interface tunnel 0
Hub(config-if)# no ip split-horizon eigrp 100
```

中心站点(Hub)隧道接口关闭水平分割特性后,再在分支站点一(Spoke1)上查看路由表,就会发现分支站点一(Spoke1)已经通过动态路由协议 EIGRP 学习到了分支站点二(Spoke2)内部网络(192.168.2.0/24)的路由,如例 3-40 所示。

例 3-40 在分支站点一(Spoke1)上查看路由表

```
Spoke1# show ip route eigrp
D   192.168.2.0/24 [90/310172416] via 172.16.1.100, 00:00:14, Tunnel0
```

```
D   192.168.100.0/24 [90/297372416] via 172.16.1.100, 00:03:44, Tunnel0
```

如上例的输出结果所示,虽然分支站点一已经学习到了分支站点二内部网络的路由,但这条路由的下一跳却是中心站点(172.16.1.100)。

若要实现 DMVPN 分支站点间直接通信的特性,分支站点一(Spoke1)上学习到的 192.168.2.0/24 这条路由,下一跳应为 Spoke2 隧道接口虚拟 IP 地址(172.16.1.2)。因此,为了优化分支站点学习到的 EIGRP 路由,需要在中心站点(Hub)的隧道接口上关闭 EIGRP 的 next-hop-self 特性,如例 3-41 所示。

例 3-41 在中心站点优化路由

```
Hub(config)# interface tunnel 0
Hub(config-if)# no ip next-hop-self eigrp 100
```

此时,再在分支站点一(Spoke1)上查看通过 EIGRP 学习到的路由,可以发现分支站点一(Spoke1)不仅通过 EIGRP 学习到了分支站点二(Spoke2)内部网络的路由,而且这条路由的下一跳也变成了分支站点二(Spoke2)隧道接口的虚拟 IP 地址(172.16.1.2),如例 3-42 所示。

例 3-42 在分支站点一(Spoke1)上查看通过 EIGRP 学习到的路由

```
Spoke1# show ip route eigrp
D   192.168.2.0/24 [90/310172416] via 172.16.1.2, 00:00:07, Tunnel0
D   192.168.100.0/24 [90/297372416] via 172.16.1.100, 00:00:07, Tunnel0
```

3.5.8 IPSec VPN 的配置

配置 DMVPN 的第三步是配置 IPSec VPN。在 DMVPN 这个解决方案中,IPSec VPN 的任务只是对 mGRE 的流量进行加密。例 3-43、例 3-44 和例 3-45 分别展示了在中心站点(Hub)、分支站点一(Spoke1)和分支站点二(Spoke2)上配置 IPSec VPN 的方法。

例 3-43 Hub 上的 IPSec VPN 配置

```
Hub(config)# crypto isakmp policy 10
Hub(config-isakmp)# authentication pre-share

Hub(config)# crypto isakmp key 0 cisco address 0.0.0.0 0.0.0.0

Hub(config)# crypto ipsec transform-set cisco esp-des esp-md5-hmac
Hub(cfg-crypto-trans)# mode transport

Hub(config)# crypto ipsec profile dmvpn-profile
Hub(ipsec-profile)# set transform-set cisco

Hub(config)# interface tunnel 0
Hub(config-if)# ip mtu 1400
Hub(config-if)# tunnel protection ipsec profile dmvpn-profile
```

例 3-44 Spoke1 上的 IPSec VPN 配置

```
Spoke1(config)# crypto isakmp policy 10
Spoke1(config-isakmp)# authentication pre-share

Spoke1(config)# crypto isakmp key 0 cisco address 0.0.0.0 0.0.0.0
Spoke1(config)# crypto ipsec transform-set cisco esp-des esp-md5-hmac
Spoke1(cfg-crypto-trans)# mode transport

Spoke1(config)# cry ipsec profile dmvpn-profile
Spoke1(ipsec-profile)# set transform-set cisco

Spoke1(config)# interface tunnel 0
Spoke1(config-if)# ip mtu 1400
Spoke1(config-if)# tunnel protection ipsec profile dmvpn-profile
```

注意：由于分支站点间是直接建立隧道，所以共享秘密的地址应该是 8 个零。

例 3-45 Spoke2 上的 IPSec VPN 配置

```
Spoke2(config)# crypto isakmp policy 10
Spoke2(config-isakmp)# authentication pre-share

Spoke2(config)# crypto isakmp key 0 cisco address 0.0.0.0 0.0.0.0

Spoke2(config)# crypto ipsec transform-set cisco esp-des esp-md5-hmac
Spoke2(cfg-crypto-trans)# mode transport

Spoke2(config)# crypto ipsec profile dmvpn-profile
Spoke2(ipsec-profile)# set transform-set cisco

Spoke2(config)# interface tunnel 0
Spoke2(config-if)# ip mtu 1400
Spoke2(config-if)# tunnel protection ipsec profile dmvpn-profile
```

3.5.9　查看 DMVPN 状态

现在 DMVPN 已经配置完毕，例 3-46 所示为在中心站点上查看 IPSec SA 状态的输出信息。输出信息的阴影部分所示为中心站点与两个分支站点之间的隧道。这个隧道可以理解为永恒的，只要分支站点在线，这个隧道就会建立。

例 3-46 在中心站点(Hub)上查看 IPSec SA 状态

```
Hub# show crypto ipsec sa

interface: Tunnel0
    Crypto map tag: Tunnel0-head-0, local addr 202.100.1.100

    protected vrf: (none)
    local ident (addr/mask/prot/port): (202.100.1.100/255.255.255.255/47/0)
```

```
remote ident (addr/mask/prot/port): (202.100.1.1/255.255.255.255/47/0)
current_peer 202.100.1.1 port 500
  PERMIT, flags={origin_is_acl,}
  #pkts encaps: 27, #pkts encrypt: 27, #pkts digest: 27
  #pkts decaps: 26, #pkts decrypt: 26, #pkts verify: 26
  #pkts compressed: 0, #pkts decompressed: 0
  #pkts not compressed: 0, #pkts compr. failed: 0
  #pkts not decompressed: 0, #pkts decompress failed: 0
  #send errors 0, #recv errors 0

  local crypto endpt.: 202.100.1.100, remote crypto endpt.: 202.100.1.1
  path mtu 1500, ip mtu 1500, ip mtu idb FastEthernet0/0
  current outbound spi: 0x26453A2A(642071082)

  inbound esp sas:
    spi: 0x11C12928(297871656)
      transform: esp-des esp-md5-hmac ,
      in use settings ={Transport, }
      conn id: 1, flow_id: SW:1, crypto map: Tunnel0-head-0
      sa timing: remaining key lifetime (k/sec): (4453822/3521)
      IV size: 8 bytes
      replay detection support: Y
      Status: ACTIVE

  inbound ah sas:

  inbound pcp sas:

  outbound esp sas:
    spi: 0x26453A2A(642071082)
      transform: esp-des esp-md5-hmac ,
      in use settings ={Transport, }
      conn id: 2, flow_id: SW:2, crypto map: Tunnel0-head-0
      sa timing: remaining key lifetime (k/sec): (4453822/3521)
      IV size: 8 bytes
      replay detection support: Y
      Status: ACTIVE

  outbound ah sas:

  outbound pcp sas:

protected vrf: (none)
local  ident (addr/mask/prot/port): (202.100.1.100/255.255.255.255/47/0)
remote ident (addr/mask/prot/port): (202.100.1.2/255.255.255.255/47/0)
```

```
current_peer 202.100.1.2 port 500
  PERMIT, flags={origin_is_acl,}
  #pkts encaps: 10, #pkts encrypt: 10, #pkts digest: 10
  #pkts decaps: 12, #pkts decrypt: 12, #pkts verify: 12
  #pkts compressed: 0, #pkts decompressed: 0
  #pkts not compressed: 0, #pkts compr. failed: 0
  #pkts not decompressed: 0, #pkts decompress failed: 0
  #send errors 0, #recv errors 0

  local crypto endpt.: 202.100.1.100, remote crypto endpt.: 202.100.1.2
  path mtu 1500, ip mtu 1500, ip mtu idb FastEthernet0/0
  current outbound spi: 0xC57B447A(3313190010)

  inbound esp sas:
    spi: 0xB0A58E69(2963639913)
      transform: esp-des esp-md5-hmac ,
      in use settings ={Transport, }
      conn id: 3, flow_id: SW:3, crypto map: Tunnel0-head-0
      sa timing: remaining key lifetime (k/sec): (4476128/3583)
      IV size: 8 bytes
      replay detection support: Y
      Status: ACTIVE

  inbound ah sas:

  inbound pcp sas:

  outbound esp sas:
    spi: 0xC57B447A(3313190010)
      transform: esp-des esp-md5-hmac ,
      in use settings ={Transport, }
      conn id: 4, flow_id: SW:4, crypto map: Tunnel0-head-0
      sa timing: remaining key lifetime (k/sec): (4476128/3583)
      IV size: 8 bytes
      replay detection support: Y
      Status: ACTIVE

  outbound ah sas:

  outbound pcp sas:
```

例 3-47 所示为在分支站点一(Spoke1)上查看 IPSec SA 状态的输出信息。通过输出信息的阴影部分可以看出,在正常情况下,分支站点只会维护与中心站点间的永恒隧道。

例 3-47 查看 Spoke1 上的 IPSec SA 状态

```
Spoke1# show crypto ipsec sa
```

```
interface: Tunnel0
    Crypto map tag: Tunnel0-head-0, local addr 202.100.1.1

    protected vrf: (none)
    local ident  (addr/mask/prot/port): (202.100.1.1/255.255.255.255/47/0)
    remote ident (addr/mask/prot/port): (202.100.1.100/255.255.255.255/47/0)
    current_peer 202.100.1.100 port 500
      PERMIT, flags={origin_is_acl,}
      #pkts encaps: 64, #pkts encrypt: 64, #pkts digest: 64
      #pkts decaps: 65, #pkts decrypt: 65, #pkts verify: 65
      #pkts compressed: 0, #pkts decompressed: 0
      #pkts not compressed: 0, #pkts compr. failed: 0
      #pkts not decompressed: 0, #pkts decompress failed: 0
      #send errors 0, #recv errors 0

      local crypto endpt.: 202.100.1.1, remote crypto endpt.: 202.100.1.100
      path mtu 1500, ip mtu 1500, ip mtu idb FastEthernet0/0
      current outbound spi: 0x11C12928(297871656)

      inbound esp sas:
        spi: 0x26453A2A(642071082)
          transform: esp-des esp-md5-hmac ,
          in use settings ={Transport, }
          conn id: 1, flow_id: SW:1, crypto map: Tunnel0-head-0
          sa timing: remaining key lifetime (k/sec): (4554870/3343)
          IV size: 8 bytes
          replay detection support: Y
          Status: ACTIVE

      inbound ah sas:

      inbound pcp sas:

      outbound esp sas:
        spi: 0x11C12928(297871656)
          transform: esp-des esp-md5-hmac ,
          in use settings ={Transport, }
          conn id: 2, flow_id: SW:2, crypto map: Tunnel0-head-0
          sa timing: remaining key lifetime (k/sec): (4554870/3343)
          IV size: 8 bytes
          replay detection support: Y
          Status: ACTIVE

      outbound ah sas:
```

```
outbound pcp sas:
```

分支站点间的隧道是按需建立的,例 3-48 所示为在分支站点一(Spoke1)使用 ping 触发分支站点间流量,动态建立分支站点间隧道。

例 3-48　在分支站点一(Spoke1)上使用 ping 测试触发分支站点间流量

```
Spoke1# ping 192.168.2.1 source 192.168.1.1 repeat 100

Type escape sequence to abort.
Sending 100, 100-byte ICMP Echos to 192.168.2.1, timeout is 2 seconds:
Packet sent with a source address of 192.168.1.1
!!!!!!!!!!!!!!!!!!!!!!!!!!!!!!!!!!!!!!!!!!!!!!!!!!!!!!!!!!!!!!!!!!!!!!!!!!!!
!!!!!!!!!!!!!!!!!!!!!!!!!!!!!!!
Success rate is 100 percent (100/100), round-trip min/avg/max=88/113/212 ms
```

在分支站点一使用 ping 测试触发了分支站点间的隧道之后,再在分支站点一(Spoke1)查看 IPSec SA 时,就会看到分支站点一和分支站点二之间按需建立的 IPSec SA 隧道,如例 3-49 中的阴影部分所示。

例 3-49　在 Spoke1 上查看 IPSec SA 状态

```
Spoke1# show crypto ipsec sa

interface: Tunnel0
    Crypto map tag: Tunnel0-head-0, local addr 202.100.1.1

    protected vrf: (none)
    local  ident (addr/mask/prot/port): (202.100.1.1/255.255.255.255/47/0)
    remote ident (addr/mask/prot/port): (202.100.1.100/255.255.255.255/47/0)
    current_peer 202.100.1.100 port 500
      PERMIT, flags={origin_is_acl,}
      #pkts encaps: 91, #pkts encrypt: 91, #pkts digest: 91
      #pkts decaps: 90, #pkts decrypt: 90, #pkts verify: 90
      #pkts compressed: 0, #pkts decompressed: 0
      #pkts not compressed: 0, #pkts compr. failed: 0
      #pkts not decompressed: 0, #pkts decompress failed: 0
      #send errors 0, #recv errors 0

      local crypto endpt.: 202.100.1.1, remote crypto endpt.: 202.100.1.100
      path mtu 1500, ip mtu 1500, ip mtu idb FastEthernet0/0
      current outbound spi: 0x11C12928(297871656)

      inbound esp sas:
        spi: 0x26453A2A(642071082)
          transform: esp-des esp-md5-hmac ,
          in use settings ={Transport, }
          conn id: 1, flow_id: SW:1, crypto map: Tunnel0-head-0
```

sa timing: remaining key lifetime (k/sec): (4554867/3247)

IV size: 8 bytes

replay detection support: Y

Status: ACTIVE

inbound ah sas:

inbound pcp sas:

outbound esp sas:

  spi: 0x11C12928(297871656)

    transform: esp-des esp-md5-hmac ,

    in use settings ={Transport, }

    conn id: 2, flow_id: SW:2, crypto map: Tunnel0-head-0

    sa timing: remaining key lifetime (k/sec): (4554867/3247)

    IV size: 8 bytes

    replay detection support: Y

    Status: ACTIVE

outbound ah sas:

outbound pcp sas:

protected vrf: (none)

local ident (addr/mask/prot/port): (202.100.1.1/255.255.255.255/47/0)

remote ident (addr/mask/prot/port): (202.100.1.2/255.255.255.255/47/0)

current_peer 202.100.1.2 port 500

  PERMIT, flags={origin_is_acl,}

  #pkts encaps: 95, #pkts encrypt: 95, #pkts digest: 95

  #pkts decaps: 97, #pkts decrypt: 97, #pkts verify: 97

  #pkts compressed: 0, #pkts decompressed: 0

  #pkts not compressed: 0, #pkts compr. failed: 0

  #pkts not decompressed: 0, #pkts decompress failed: 0

  #send errors 0, #recv errors 0

  local crypto endpt.: 202.100.1.1, remote crypto endpt.: 202.100.1.2

  path mtu 1500, ip mtu 1500, ip mtu idb FastEthernet0/0

  current outbound spi: 0x76D96D3F(1993960767)

  inbound esp sas:

    spi: 0x5D0968AD(1560897709)

      transform: esp-des esp-md5-hmac ,

      in use settings ={Transport, }

      conn id: 5, flow_id: SW:5, crypto map: Tunnel0-head-0

      sa timing: remaining key lifetime (k/sec): (4515917/3544)

```
    IV size: 8 bytes
    replay detection support: Y
    Status: ACTIVE

inbound ah sas:

inbound pcp sas:

outbound esp sas:
  spi: 0x76D96D3F(1993960767)
    transform: esp-des esp-md5-hmac ,
    in use settings ={Transport, }
    conn id: 6, flow_id: SW:6, crypto map: Tunnel0-head-0
    sa timing: remaining key lifetime (k/sec): (4515918/3544)
    IV size: 8 bytes
    replay detection support: Y
    Status: ACTIVE

outbound ah sas:

outbound pcp sas:
```

思　考　题

1. 请观察图 3-13,推断在使用网络地址转换(NAT)技术的环境中,是否能够使用 AH 协议来封装数据包。

2. 在经典站点到站点 IPSec VPN 的实验中,可否不配置 ip route 2.2.2.0 255.255.255.0 202.100.1.10 这条静态路由(见例 3-5)? 如果通过实验,证明删除该静态路由后,通信无法实现,这暗示路由器 Site1 是按照什么次序来查询路由表和匹配加密映射的?

3. 在 mGRE 拓扑中,NHRP 的作用是建立逻辑地址与物理地址之间的映射关系,请试举例说明其他具有类似功能的常见协议和技术。

4. 思考通过 OSPF 建立 DMVPN 与通过 EIGRP 建立 DMVPN 有哪些不同,并请尝试使用 OSPF 作为动态路由协议来完成 DMVPN 的实验。

第4章 传输层安全与 SSL VPN

4.1 SSL 协 议

4.1.1 SSL 简介

在历史上,关于在哪一层提供互联网数据的安全性曾经有过一番争论。认为应该在网络层提供安全特性的一派认为,网络用户大都对技术一无所知,指导普通用户正确地使用安全特性是很难的,因此需要在网络层通过网络设备提供安全保障。于是,美国海军研究实验室在国防高等研究计划署(DARPA)的支持下,于 1992 年开始了对 IP 安全协议的研发,这项协议的草案最终于 1993 年得到公开,也就是第 3 章中介绍的 IPSec 协议框架。

但另一派的观点也不无道理,他们认为,要想真正实现安全,私密性和完全性的保障必须是端到端的,这样才能确保操作系统内部对进程数据的篡改也能被检测出来,因此应该在终端系统上提供安全性保障。但如果在应用层提供安全性,就需要对所有应用都进行修改,因此折中的方案是在传输层使用一种独立于应用层协议的协议来提供安全性保障。

1994 年,网景公司为了保障 Web、电子邮件等通信的安全,而设计了 SSL(安全套接字层)协议。网景公司的主要目的旨在通过 SSL 解决 Web 安全的问题。一年之后,网景公司聘请了知名的安全技术专家 Paul Kocher,主持开发了 SSLv3,SSLv3 并不是在 SSLv2 的基础上进行了升级,而是对 SSLv2 进行了彻底的推翻重建。

随着终端设备的移动化,SSL 日渐显露出它的优势。对于使用智能手机和移动电脑(笔记本电脑)的移动用户,要想通过 IPSec 保障数据安全就必须在这些设备上安装 IPSec VPN 客户端,并且进行复杂的配置。但使用 SSL 则简单得多,由于 SSL 几乎内置在了所有常用的浏览器软件中,因此用户甚至无需安全客户端,就可以通过 SSL 保障通信的安全。

4.1.2 SSL 的工作方式

SSL 和 IPSec 一样,也可以为数据提供私密性、完整性和源认证 3 个方面的保护。但 SSL 的作用是保护基于 TCP 的应用,因此 SSL 协议栈的位置介于 TCP 和应用层之间,它的协议分为两层:SSL 记录协议层和 SSL 握手协议层,其中 SSL 握手协议层又可以分为 SSL 握手协议、SSL 密钥更改协议和 SSL 告警协议,如图 4-1 所示。

应用层协议		
SSL握手协议	SSL密钥更改协议	SSL告警协议
SSL记录协议		
TCP		
IP		

图 4-1 SSL 协议的组成

在 SSL 协议的两层中,SSL 记录层的作用是定义如何对上层的协议进行封装,而 SSL 握手协议的作用则是在通信的双方之间协商出密钥。

1. SSL 握手协议

鉴于密钥协商先于实际数据的传输,因此首先介绍 SSL 握手协议的工作方式。概括地说,SSL 握手协议的目的就是建立起通信双方可以收发加密数据的环境,双向认证的 SSL 握手过程如图 4-2 所示。

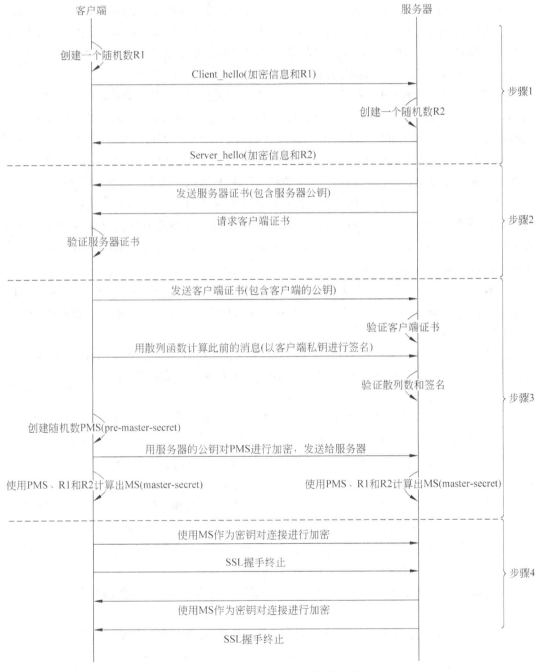

图 4-2　双向认证的 SSL 握手过程

如图所示,SSL 握手的过程可以大体上分为以下 4 个步骤:

步骤 1:初始化阶段。客户端创建一个随机数,然后通过 Hello 消息(称为 ClientHello)将这个随机数连同自己支持的协议版本、加密算法和压缩算法发送给服务器。服务器在接收到客户端发送过来的 Hello 消息之后,同样创建一个随机数,并使用 Hello 消息(称为 ServerHello),将这个随机数连同自己选择使用的协议版本、加密算法和压缩算法发送给客户端。

步骤 2:认证阶段。服务器在发送 Hello 消息的同时,有可能也会将包含自己公钥的证书发送给客户端(称为 Certificate 消息),并请求客户端也将客户端自己的证书发送过来(称为 Certificate Request 消息)。客户端在接收到服务器的证书之后,便会对服务器的证书进行验证。如果有误,就会发送警告并断开连接。

步骤 3:密钥协商阶段。在验证了服务器的证书之后,如果客户端接收到了服务器发来的 Certificate Request 消息,那么客户端就会依照服务器的请求,将包含自己公钥的证书发送给服务器。服务器在接收到客户端的证书之后,也会对客户端进行验证。另外,为了防止握手的过程遭到篡改,客户端还会对此前所有握手消息执行散列运算,并使用双方协商出来的算法对运算结果进行加密,并将这个消息发送给服务器以兹验证。此时,客户端还会创建一个称为 pre-master-secret 的随机数,并使用服务器发送过来的公钥对其进行加密。服务器在接收到这个消息(称为 ClientKeyExchange 消息)之后,会用自己的私钥对这个消息进行解密,得到 pre-master-secret。于是,服务器和客户端便会使用 pmc 和双方在步骤 1 中创建的随机数计算出 master-secret。

步骤 4:握手终止阶段。服务器和客户端会分别(通过 ChangeCipherSpec 消息)告知对端此后使用 master-secret 对连接进行加密和解密,并向对方发送结束握手过程的终止消息(称为 Finished 消息)。

当然,在上述过程中,有些消息(如 Certificate)是可选的。比如说,由于在实际环境中,客户端的身份有时并不重要,因此服务器常常并不会向客户端请求证书。

2. SSL 记录协议

SSL 记录协议的目的是定义如何封装上层协议,这种协议的主要做法是将数据拆分成不大于 214B 的数据块,然后对数据块进行保护的传输,具体的过程如图 4-3 所示。

如图所示,SSL 记录协议封装数据包的方式是将原始数据拆分成数据块,然后根据协商的压缩方式对数据块分别进行压缩。为了确保数据在传输过程中不会遭到篡改,因此系统会计算出数据块的消息验证码(MAC),连同数据块一起进行发送。此后,为了保障数据的私密性,系统会将附带有 MAC 的数据块进行加密处理,然后再封装上记录头,这个记录头中包含内容类型、长度和 SSL 版本等信息。而含有记录头与加密信息(负载)的内容就称作记录。记录就是实际进行传输的数据。

综上所述,在常见的 SSL 通信过程中,客户端与服务器之间交换的消息如图 4-4 所示。

注意:图 4-4 所示的 ServerHelloDone 消息并没有在图 4-2 所示的握手过程中体现出来。在步骤 2 中,除了 ServerHello 和 ServerHelloDone 消息外,其他消息都是按需(即可选)发送的。而 ServerHelloDone 的作用就是通知客户端:服务器已经在发送该消息前发

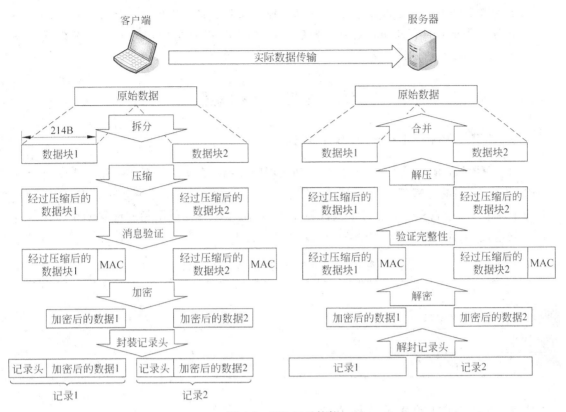

图 4-3　SSL 记录协议

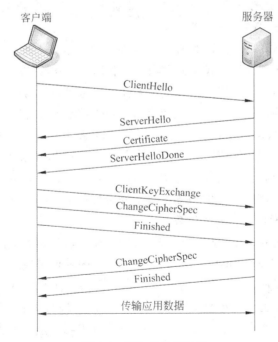

图 4-4　SSL 的通信过程

送完了步骤 2 中的所有可选消息,接下来双方即可展开步骤 3 的协商。如图 4-4 所示,若客户端收到了 ServerHelloDone 消息,即可开始进行密钥的交换,服务器也不会再通过 CertificateRequest 消息请求客户端发送自己的证书。

4.2 SSL VPN 概述

4.2.1 SSL VPN 与 IPSec VPN 的对比

SSL VPN 和 IPsec VPN 各有优缺点和适用的环境。在 4.4.1 节,本书已经提到过 SSL VPN 的优点,归纳起来就是配置简单,使用方便,甚至无须在客户端上安装专门的软件。IPSec 的优点在于它提供的加密和认证强度更高,而且只有执行了相应配置的设备之间才能建立连接,因此比 SSL VPN 更为安全。表 4-1 为 IPsec 与 SSL 的对比。

表 4-1 IPsec VPN 与 SSL VPN 的对比

协 议	SSL	IPsec
整体安全性	中	高
部署难度	一般	难
易用性	极高	一般

4.2.2 SSL VPN 的 3 种连接方式

从客户端的角度,实现 SSL VPN 连接有 3 种方式,即无客户端 SSL VPN、瘦客户端 SSL VPN 和完整的 SSL VPN 客户端访问。

顾名思义,无客户端的 SSL VPN 就是无须在客户端设备上安装任何软件,直接使用浏览器发起连接。由于这种连接方式在最大程度上利用了 SSL 的易用性和灵活性优势,因此使用很是广泛。在早期,SSL VPN 几乎就是无客户端访问的代名词。

瘦客户端是指需要在客户端上安装基于 Java 的小程序(applets),对于那些需要通过 SSL VPN 隧道进行转发的应用,该程序会监听相应的端口,一旦有数据包进入该端口,即通过 SSL VPN 连接将其转发给 SSL VPN 网关,并由 SSL VPN 网关解封数据包,将其转发给目的服务器。鉴于上述工作原理,瘦客户端 SSL VPN 也常被称为端口转发(port forwarding)。这种方式因需要在客户端设备上安装程序而有别于无客户端的连接,但仍然充分发挥了 SSL 在易操作性方面的优势。

由于移动互联时代的到来,通过基于客户端的 SSL 取代 IPSec 的呼声渐高,思科公司为此研发了一款称为 Cisco AnyConnect VPN Client 的软件解决方案,通过该客户端软件发起 SSL VPN,远程用户就可以获得如同位于本地网络一样的使用体验。这种解决方案固然需要安装上述软件并进行一定的设置,但它不仅可以实现对内部网络的完全访问,而且把受保护的对象扩展到了所有基于 IP 的应用(前两种方式则一般只能保护基于 Web 的应用和电子邮件等基于 TCP 应用),因此这种方案兼具 IPSec 与 SSL 之长。表 4-2 为这 3 种连接方式的对比。

表 4-2　SSL VPN 的 3 种连接方式

连接方式	无客户端	瘦客户端	完全客户端
是否需安装客户端程序	否	需安装插件,但安装过程对用户透明	是
支持的应用	基于 Web、电子邮件和文件共享的应用	基于 Web、电子邮件和文件共享的应用	基于 IP 的应用

4.3　经典瘦客户端 SSL VPN

4.3.1　实验拓扑

图 4-5 为通过路由器实现瘦客户端 SSLVPN 的实验拓扑。

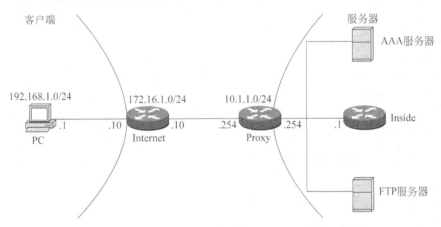

图 4-5　通过路由器实现瘦客户端 SSL VPN 的实验拓扑

在图 4-5 所示的 SSL VPN 瘦客户端实验拓扑中,路由器 Proxy 是内部 Web 服务器 Inside 的网关。路由器 Internet 模拟互联网络。实验的目的是让 PC(192.168.1.1)可以使用浏览器,通过 SSL VPN 向模拟 HTTP 服务器的 Inside 路由器(10.1.1.1)发起安全的 Web 访问。此外,PC 还可以通过 SSL VPN 隧道向 Inside 路由器发起 telnet 管理访问。

4.3.2　瘦客户端 SSL VPN 的配置

1. 初始化配置

例 4-1～例 4-3 所示为设备初始化配置过程。

例 4-1　Proxy 上的基本配置

```
enable
configure terminal
hostname Proxy
interface FastEthernet0/0
  ip address 10.1.1.254 255.255.255.0
no shutdown
interface FastEthernet0/1
```

```
  ip address 172.16.1.254 255.255.255.0
  no shutdown
ip route 192.168.1.0 255.255.255.0 172.16.1.10
username ssluser password ssluser
aaa new-model
aaa authentication login default local
ip http server
ip http secure-server
line vty 0 15
login authentication default
```

例 4-2　Internet 上的基本配置

```
enable
configure terminal
hostnameInternet
interface FastEthernet0/1
  ip address 172.16.1.10 255.255.255.0
  no shutdown
interface FastEthernet0/0
  ip address 192.168.1.10 255.255.255.0
  no shutdown
```

例 4-3　Inside 上的基本配置

```
enable
configure terminal
hostname Inside
interface FastEthernet0/0
  ip address 10.1.1.1 255.255.255.0
  no shutdown
ip route 0.0.0.0 0.0.0.0 10.1.1.254
username sslvpn privilege 15 password sslvpn
ip http server
ip http authentication local
line vty 0 15
  login local
```

2. IOS SSL VPN 的配置

1）配置网关（gateway）

在 SSL VPN 环境中，Proxy 是一个在 VPN 客户和私有网络资源之间的代理服务器，在 SSL VPN 隧道能够建立之前，需要给网关关联一个公网 IP 或者接口，让 VPN 用户可以使用浏览器链接这个 IP 地址或者主机名来协商 SSL。网关部分是一个本地非常重要的配置环节，在后面的配置中，需要在 context 中对这里定义的网关进行调用。

网关的配置过程如例 4-4 所示。

例 4-4　网关的配置

```
webvpn gateway sslvpn
Ip address 172.16.1.254 port 443
inservice
http-redirect port 80
ssl trustpoint TP-self-signed-4279256517
```

如上例所示,在配置过程中,需要首先进入 webvpn gateway 配置模式并定义 webvpn 网关。命令 webvpn gateway sslvpn 的作用就是将网关的名称定义为 sslvpn。

接下来需要定义 webvpn 网关的 IP 地址和端口号,本例中定义的 IP 地址为 172.16.1. 254,端口号为 443。

在默认状态下,webvpn 是关闭的,因此在配置时需要通过命令 inservice 来手动激活。

此外,管理员也可以在 webvpn gateway 配置模式下重定向端口,在本例中,将 TCP 80 端口的 HTTPS 流量重定向到了 TCP 443 端口,这一步是可选的操作。

在配置过程中,系统会自动生成关联 sslvpn 的服务器证书。

2) 配置 context

在完成了 SSL VPN 网关的配置之后,下一步是定义一个 SSL VPN context。在 context 中,管理员可以应用一些策略来对连接的用户和组进行限制,包括认证的方式等。当用户通过认证后,设备就会对这次会话应用相应配置的策略。

具体的配置过程如例 4-5 所示。

例 4-5　context 的配置

```
webvpn context sslvpn-context
aaa authentication list default
gateway sslvpn
inservice
```

如上例所示,在配置过程中,需要首先进入 webvpn context 配置模式并定义 webvpn context。命令 webvpn context sslvpn-context 的作用就是定义一个 context,并将其命名为 sslvpn-context。

下一步是在这个 context 中应用认证策略,在本例中,使用了默认的策略,即通过本地的用户名和密码对用户进行认证。

接下来是在这个 context 中调用步骤 1 中定义的网关 sslvpn。

最后通过命令 inservice 来手动激活这个 context。

3) 可选配置

到这里,无客户端访问的必需配置实际上已经完成,用户已完全可以在 PC 上打开浏览器输入地址 172.16.1.254 进行测试。但在实际运用中,为了方便对 SSL VPN 及用户进行管理和控制,常常还需要配置组策略和 URL 列表。

组策略(group policy)是在 SSL VPN 用户隧道协商过程中继承的参数。在一个 context 中,可以定义多个组策略,但只有其中之一能够被配置成默认策略。一个特定的用户只会应用其中的一个组策略。在使用 AAA 服务器时,当用户认证成功后,服务器会为用户分配一个特定的组策略。但若 IOS 路由器没有收到任何授权信息,那么路由器就会将默认策略应用到这个用户会话。

组策略的具体配置方式如例 4-6 所示。

例 4-6　为 webvpn 定义组策略

```
webvpn context sslvpn-context
policy group sslvpn-default
default-group-policy sslvpn-default
```

在上例中,管理员进入了例 4-5 中定义的那个名为 sslvpn-context 的 context,在其中定义了一个名为 sslvpn-default 的组策略,并将其指定为这个 context 的默认组策略。

此外,如果管理员希望禁止用户随意输入 URL,还可以在相应的 context 中为 SSLVPN 配置 URL 列表(URL-list)。具体的配置方法如例 4-7 所示。

例 4-7　定义 URL 列表

```
webvpn context sslvpn-context
  url-lsit sslvpn-UrlList
    heading SSLvpn-UrlList
    url-text SSLvpn-UrlList url-value http://10.1.1.1
policy group sslvpn-default
  url-list sslvpn-UrlList
  hide-url-bar
```

在上例中,管理员进入了例 4-5 中定义的那个名为 sslvpn-context 的 context,并在其中定义了一个名为 sslvpn-UrlList 的 URL 列表。同时管理员使用命令 heading 为这个 URL 列表定义了一个标题(SSLvpn-UrlList)。另外,通过使用命令 url-text 进行定义,管理员让链接 http://10.1.1.1(Inside 路由器,即 HTTP 服务器的 IP 地址)在 URL 列表中显示为文字 SSLvpn-UrlList。

此后,管理员在例 4-6 中定义的组策略(同时也是默认组策略)sslvpn-default 中调用了这个 URL 列表,使其成为默认组策略中的一部分。最后,管理员通过命令 hide-url-bar 隐藏了 URL 地址栏,以防止用户自己输入 URL 地址。

3. IOS 瘦客户端 SSL VPN 的相关配置

瘦客户端模式包括以下两种技术:

- 端口转发(port-forwarding)
- 智能隧道(smart tunnel)

下面分别对这两种技术的实现方法进行介绍:

1) 端口转发

如 4.2.2 节所述,端口转发技术可以用来设定哪些应用可以通过 SSL VPN 隧道进行转发。端口转发是瘦客户端模式的 SSL VPN 技术,因此只适用于基于 TCP 的应用(见图 4-1)。此外,由于端口转发需要指定应用的端口,因此只能对使用静态端口的应用服务进行转发。

要想实现端口转发,需要在 SSL VPN 网关上执行如例 4-8 所示的配置。

例 4-8　配置端口转发

```
webvpn context sslvpn-context
```

```
port-forward sslvpn-port
   local-port 1234 remote-server 10.1.1.1 remote-port 23 description
      sslvpn-PortForward
policy group sslvpn-default
   port-forward sslvpn-port
```

如上例所示,管理员进入了例 4-5 中配置的 context sslvpn-context,并在其中通过命令 port-forward 定义了一个名为 sslvpn-port 的端口转发条目。然后,管理员使用命令 local-port 在本地端口 1234 与远端地址 10.1.1.1 和远端端口 23 之间建立了端口转发关系,并将其描述为 sslvpn-PortForward。

接下来,管理员进入了例 4-6 中定义的组策略(同时也是默认组策略)sslvpn-default 中,在其中使用命令 port-forward 调用了刚刚配置的这个名为 sslvpn-port 的端口转发条目。

2) 智能隧道

智能隧道的作用与端口转发极为类似,但管理员可以通过智能隧道技术定义哪些应用可以通过隧道进行转发,而不是定义这些应用的端口,因此智能隧道技术可以对使用动态端口的应用进行转发。但智能隧道技术也有限制,它只适用于基于 Windows 系统的客户端设备。值得注意的一点是,15.1(3)T 之前的 IOS 版本不支持 SSL VPN 的智能隧道技术。因而只能通过端口转发技术充当瘦客户端 SSL VPN 访问的代理。

要想实现智能隧道,需要在 SSL VPN 网关上执行如例 4-9 所示的配置。

例 4-9 配置智能隧道

```
webvpn context sslvpn-context
   smart-tunnel list sslvpn-smart
appl sslvpn-smart telnet.exe windows
policy group sslvpn-default
smart-tunnel list sslvpn-smart
```

如上例所示,管理员进入了例 4-5 中配置的 context sslvpn-context,并在其中通过命令 smart-tunnel 定义了一个名为 sslvpn-smart 的智能隧道条目。然后,管理员使用命令 appl 让 telnet.exe 这个应用可以访问智能隧道,并在浏览器的智能隧道应用访问列表中将该应用的名称显示为 sslvpn-smart。

接下来,管理员进入了例 4-6 中定义的组策略(同时也是默认组策略)sslvpn-default 中,在其中使用命令 smart-tunnel list 调用了刚刚配置的这个名为 sslvpn-smart 的智能隧道条目。

4.3.3　瘦客户端 SSL VPN 的测试

首先,在 PC 上打开浏览器,在地址栏输入地址 172.16.1.254,并输入用户名和密码,就可以看到图 4-6 所示的界面。

此时,在 PC 上对路由器 Inside 发起 ping 测试,可以发现地址 10.1.1.1 是不可达的。

接下来,在 PC 上通过 telnet 程序访问自己的 1234 端口来测试端口转发,如图 4-8 所示。

图 4-6　测试 SSL VPN

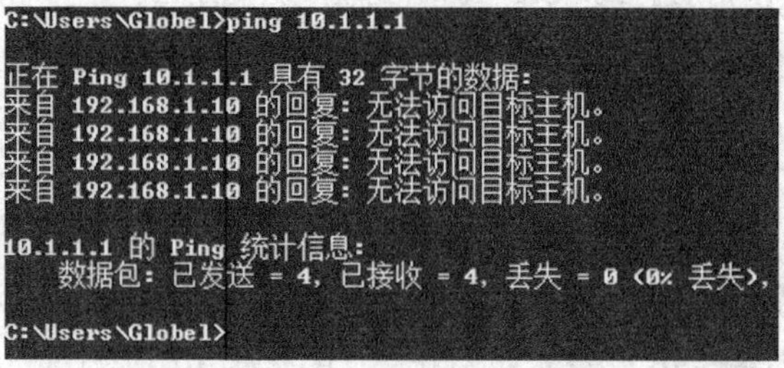

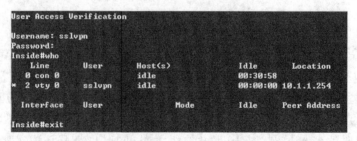

图 4-7　测试 Inside 的可达性

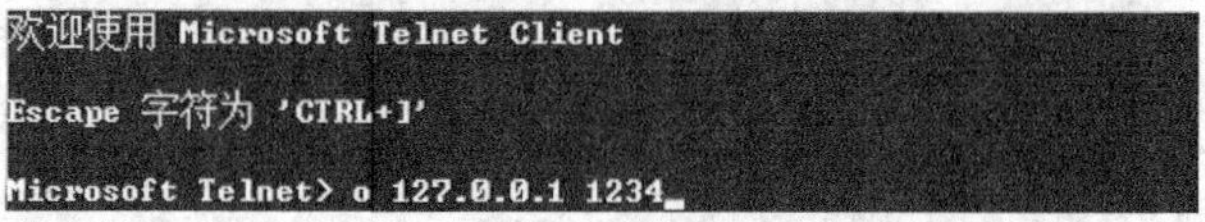

```
欢迎使用 Microsoft Telnet Client

Escape 字符为 'CTRL+]'

Microsoft Telnet> o 127.0.0.1 1234_
```

图 4-8　PC 对自己的 1234 端口发起 telnet 访问

访问 Inside 路由器成功,如图 4-9 和图 4-10 所示。

```
User Access Verification

Username: sslvpn
Password:
Inside#who
    Line       User        Host(s)           Idle       Location
    0 con 0                idle              00:30:58
*   2 vty 0     sslvpn      idle              00:00:00   10.1.1.254

    Interface   User                  Mode       Idle    Peer Address

Inside#exit
```

图 4-9　通过端口转发对 Inside 路由器发起 telnet 访问

下一步测试智能隧道技术,在 PC 上单击 Windows 系统的"开始"按钮,运行 telnet 10.1.1.1(Inside 路由器的地址),如图 4-10 所示。

如图 4-11 所示,通过智能隧道技术,同样可以正常地对 Inside 进行访问。

在 CLI 界面中,管理员可以通过命令 show webvpn context 来查看与 context 有关的设置及状态,如例 4-10 所示。

例 4-10　查看 context 的设置与状态

```
Proxy# show webvpn context sslvpn-context
Admin Status: up
```

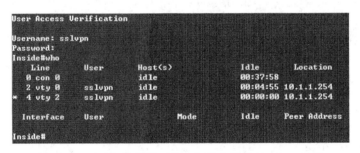

Close this window when you finish using Application Access.
Please wait for the table to be displayed before starting applications.

If you shut down your computer without closing this window, you might later have problems running the applications listed below. Click here for details.

Name	Local	Remote	Bytes Out	Bytes In	Sockets
sslvpn-PortForw...	127.0.0.1:1234	10.1.1.1:23	47	87	0

Reset Byte Counters

图 4-10　通过端口转发对 Inside 路由器发起 telnet 访问

telnet 10.1.1.1　　　×　　　关机 ►

图 4-11　在 PC 上运行 telnet 10.1.1.1

```
User Access Verification

Username: sslvpn
Password:
Inside#who
    Line       User      Host(s)              Idle      Location
   0 con 0               idle                00:37:58
   2 vty 0    sslvpn     idle                00:04:55  10.1.1.254
*  4 vty 2    sslvpn     idle                00:00:00  10.1.1.254

    Interface  User                  Mode      Idle      Peer Address

Inside#
```

图 4-12　通过智能隧道对 Inside 路由器发起 telnet 访问

Operation Status: up

Error and Event Logging: Disabled

CSD Status: Disabled

Certificate authentication type: All attributes (like CRL) are verified

AAA Authentication List: default

AAA Authorization List not configured

AAA Accounting List not configured

AAA Authentication Domain not configured

Authentication mode: AAA authentication

Default Group Policy: sslvpn-default

Associated WebVPN Gateway: sslvpn

Domain Name and Virtual Host not configured

Maximum Users Allowed: 1000 (default)

NAT Address not configured

VRF Name not configured

Virtual Template not configured

另外,也可以通过命令 show webvpn gateway 来查看与网络有关的设置及状态,如例

4-11 所示。

例 4-11　查看网关的设置与状态

```
Proxy# show webvpn gateway sslvpn
Admin Status: up
Operation Status: up
Error and Event Logging: Disabled
IP: 172.16.1.254, port: 443
HTTP Redirect port: 80
SSL Trustpoint: TP-self-signed-4279256517
FVRF Name not configured
```

管理员也可以通过命令 show webvpn policy group 来查看与策略组有关的设置及状态，如例 4-12 所示。

例 4-12　查看策略组的设置与状态

```
Proxy# show webvpn policy group sslvpn-default context all
WEBVPN: group policy=sslvpn-default ; context=sslvpn-context
    url list name="sslvpn-UrlList"
    idle timeout=2100 sec
    session timeout=Disabled
    port forward name="sslvpn-port"
    smart tunnel list name="sslvpn-smart"
    functions=
        hide-urlbar

    citrix disabled
    netmask=255.255.255.255
    dpd client timeout=300 sec
    dpd gateway timeout=300 sec
    keepalive interval=30 sec
    SSLVPN Full Tunnel mtu size=1406 bytes
    keep sslvpn client installed=disabled
    rekey interval=3600 sec
    rekey method=
    lease duration=43200 sec
```

命令 show webvpn session context 可以用来查看各个 context 的会话情况，如例 4-13 所示。

例 4-13　查看 context 的会话

```
Proxy# show webvpn session context all
WebVPN context name: sslvpn-context
Client_Login_Name   Client_IP_Address   No_of_Connections   Created    Last_Used
    ssluser             192.168.1.1             4            00:23:09   00:04:09
```

此外，命令 show webvpn stats 可以用来查看 sslvpn 的相应状态，如例 4-14 所示。

例 4-14 查看 sslvpn 的状态

```
Proxy# show webvpn stats port-forward context all
WebVPN context name : sslvpn-context
Port Forward statistics:
    Client                              Server
      proc pkts        : 19              proc pkts        : 7
      proc bytes       : 47              proc bytes       : 12
      cef pkts         : 0               cef pkts         : 4
      cef bytes        : 0               cef bytes        : 75


Proxy# show webvpn stats smart-tunnel context all
WebVPN context name : sslvpn-context
Smart Tunnel statistics:
    Client                              Server
      proc pkts        : 50              proc pkts        : 38
      proc bytes       : 83              proc bytes       : 58
      cef pkts         : 0               cef pkts         : 9
      cef bytes        : 0               cef bytes        : 506
```

思 考 题

1. 结合图 4-2,画出仅由客户端认证服务器,而服务器不对客户端进行认证的 SSL 握手过程。

2. 图 4-1 中的 SSL 密钥更改协议和 SSL 告警协议在本书中并未进行介绍,请通过自学了解它们的功能与作用。

第5章　会话层安全与SSH

5.1　SSH协议简介

在实际工作中,远程管理是一种极为常用的设备管理方式。在各类远程管理协议中,Telnet是最为常用的协议之一。尽管Telnet协议可以通过用户名和密码对用户的身份进行认证,但这种协议无法在用户设备和被管理设备之间进行加密。通过前面几章的介绍,这种协议的弊病已经不言自明。

使用SSH协议可以实现安全的远程管理。它不仅可以让服务器对用户的身份进行认证,更可以对通信的信息进行加密、校验和压缩。图5-1所示为分别通过Telnet和SSH向被管理设备提供用户名和密码信息。

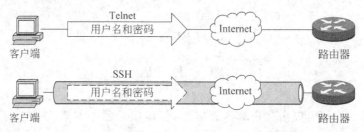

图5-1　通过Telnet和SSH发送认证信息

SSH最早的版本是由芬兰名校赫尔辛基工业大学（Helsingin Teknillinen korkeakoulu)的副博士Tatu Ylönen于1995年研发的,其目的旨在取代rlogin、Telnet和rsh等协议,对跨越公共网络的远程管理提供加密的认证。

SSH和SSL一样都是分层协议,但SSH协议分为3层:传输层协议(定义在RFC 4253中)、用户认证协议(定义在RFC 4252中)和连接协议(定义在RFC 4254中),如图5-2所示。

图5-2　SSH协议的组成

SSH协议的工作方式如图5-3所示。

通过图5-3可以清楚地看出SSH协议3层的作用与关系:

(1)传输层协议阶段:这一阶段的作用是为了在通信双方之间建立一条安全的加密通

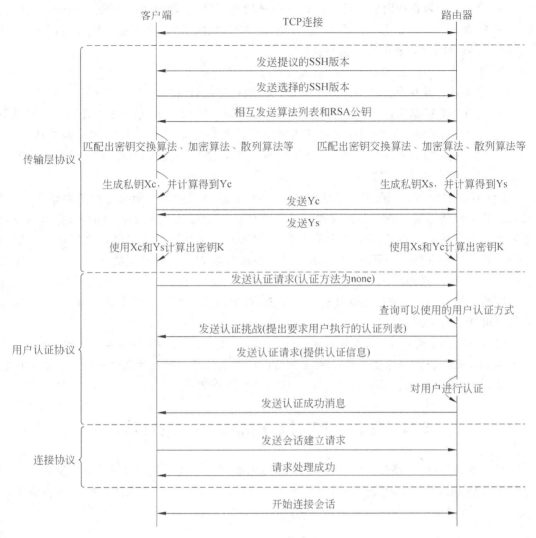

图 5-3　SSH 的协商过程

道。为用户数据提供私密性、完整性方面的保护。

- **版本协商**：在服务器（即路由器）与客户端已经建立了 TCP 连接的基础上，由服务器向客户端发送自己支持的版本号。客户端会解析该数据包，如果客户端发现服务器端的协议版本号比自己的低，且自己可以支持服务器的低版本，那么使用服务器端的低版本协议号，否则使用自己的协议版本。（若服务器不支持客户端的版本，版本协商就会终止，连接也会断开。）

- **算法协商与密钥交换**：接下来，服务器和客户端会分别向对方发送自己支持的算法列表（密钥交换算法、加密算法、散列算法等）和 RSA 公钥。在接收到对方发送过来的算法之后，双方会独立地对两边的算法列表进行匹配，选出双方在后续通信过程中使用的算法。然后，双方会通过密钥协商，计算出加密密钥。

（2）用户认证协议阶段：从这一阶段开始，传输层协议阶段协商的算法就会开始对双方的消息提供保护，这一阶段的通信又可以分为 5 步：

- 第 1 步：客户端向服务器发送认证请求消息，其中携带的认证方式为 none。
- 第 2 步：客户端从配置的认证方式中找到需要这名用户完成的认证方式，并通过认证挑战的方式要求用户进行认证。
- 第 3 步：用户提供服务器所请求的信息。
- 第 4 步：服务器通过用户提供的信息对用户进行认证。
- 第 5 步：根据认证结果，服务器向客户端发送认证成功或认证失败消息。需要说明的是，如果服务器发现该用户还需要完成其他的认证，即使上述方式认证成功，服务器也会回复认证失败消息，并继续向客户端发送认证挑战，直至客户端完成认证列表中所有认证方式为止。

（3）连接协议阶段：在用户完成认证后，客户端就可以向服务器发起服务器请求，要求服务器建立会话通道。服务器在接收到请求消息后，如果自己支持该类型的通道，那么它就会向客户端发送确认消息，会话通道就会建立起来。为了让连接协议可以更好地享用前两个协议阶段所建立的安全环境，连接协议可以在通信双方之间所建立的一条连接上复用出多条信道，分别处理不同的会话。

顺便一提，SSH 传输层协议具有认证功能，其作用是让客户端对服务器进行认证，这项功能是可选的，不要将其与用户认证协议混淆。

注意：通过上文的介绍，不难发现 SSH 协议不仅可以实现安全的远程访问，而且也可以为其他缺乏私密性和完整性保障的应用层会话提供保护。但这种做法在实际环境中的使用并不广泛，而且与此相关的内容也实在超出了本书的范畴。

5.2 使用 SSH 对远程登录用户进行认证

尽管 SSH 不仅能够提供安全的网络管理，也能够对一些其他的协议提供私密性和完整性保护，但使用 SSH 实现安全网络管理仍为 SSH 使用最为广泛的做法，因此，本实验只对通过 SSH 协议实现安全网络管理进行测试。

5.2.1 实验拓扑

图 5-4 为 SSH 实验的环境。

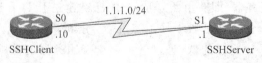

图 5-4 SSH 实验拓扑

如图 5-4 所示，在这个简单的环境中只有两台路由器。顾名思义，其中 SSHClient 为 SSH 客户端，而 SSHServer 则为 SSH 服务器，这两台设备使用串行接口直接相连。而本实验的目的即为 SSHClient 能够通过 SSH 协议，在完成了服务器本地认证后对 SSHServer 进行管理。

5.2.2 SSH 的配置

首先，需要在这两台设备上完成主机名和 IP 地址的初始化配置，如例 5-1 和例 5-2

所示。

例 5-1 SSHClient 上的基本配置

```
enable
configure terminal
!
hostname SSHClient
!
interface Serial 0
  ip address 10.1.1.10 255.255.255.0
  no shutdown
!
end
```

例 5-2 SSHServer 上的基本配置

```
enable
configure terminal
!
hostname SSHServer
!
interface Serial 1
  ip address 1.1.1.1 255.255.255.0
  no shutdown
!
end
```

相关的 SSH 配置全部集中在 SSH 服务器端,全部配置过程可以分为如下 5 步。

第 1 步:使用命令 ip domain name 配置域名。

第 2 步:使用命令 crypto key generate rsa 创建一个 RSA 密钥对。

第 3 步:使用命令 username username privilege privilege password password 创建本地的用户名和密码。

第 4 步:在 vty 线路下配置本地认证,即使用命令 login local 指定当有用户发起远程管理连接时,通过本地数据库对用户进行认证。

第 5 步:在 vty 线路下使用命令 transport input ssh 规定只能使用 SSH 进入 vty 线路。

全部的配置过程如例 5-3 所示。

例 5-3 SSH 的配置

```
SSHServer(config)# ip domain name cisco.com
SSHServer(config)# crypto key generate rsa
The name for the keys will be: SSHServer.cisco
Choose the size of the key modulus in the range of 360 to 4096 for your
  General Purpose Keys. Choosing a key modulus greater than 512 may take
  a few minutes.

How many bits in the modulus [512]: 1024
```

```
%Generating 1024 bit RSA keys, keys will be non-exportable...
[OK] (elapsed time was 2 seconds)SSHServer(config)# username admin privilege 15
password cisco
SSHServer (config)# line vty 0 15
SSHServer(config-line)# login local
SSHServer(config-line)# transport input ssh
```

根据需要,管理员也可以通过访问控制列表来限制用户能够从哪些地址发起 SSH 连接。具体的配置方法由两步组成。

第 1 步:配置一个 ACL。

第 2 步:在 vty 线路下调用这个 ACL。

具体的配置方式如例 5-4 所示。

例 5-4 用访问控制列表限制可以发起 SSH 访问的地址

```
SSHServer(config)# access-list 10 permit 1.1.1.10
SSHServer (config)# line vty 0 15
SSHServer (config-line)# access-class 10 in
```

此外,管理员也可以在全局配置模式下通过命令 ip ssh timeout seconds 来指定 SSH 服务器等待 SSH 客户端提供密码的时间;也可以通过命令 ip ssh authentication-retries *number* 来设置输入密码的次数,超出设定次数,服务器就会丢弃该连接,默认的次数为 3 次。

5.2.3 SSH 的测试

在完成 SSH 的配置后,需要在 SSHClient 上发起连接请求进行测试。

发起测试需要在 EXEC 模式下使用命令 ssh 来实现,具体的命令如例 5-5 所示。在本例中,使用 3DES 加密方式(-c 3des),且登录的用户名为例 5-3 中所示的 admin(-l admin),目的地址为 SSHServer 的 S1 接口地址,即 1.1.1.1。

例 5-5 在 SSHClient 上发起测试

```
SSHClient# ssh -c 3des -l admin 1.1.1.1
Password:
SSHServer#
```

在输入密码后,可以在 SSHServer 上通过命令 show ssh 来进行验证,如例 5-6 所示。

例 5-6 命令 show ssh 的输出信息

```
SSHServer# show ssh
Connection  Version  Mode  Encryption  Hmac       State            Username
    0        1.99    IN    3des-cbc    hmac-sha1  Session started   admin
    0        1.99    OUT   3des-cbc    hmac-sha1  Session started   admin
%No SSHv1 server connections running.
```

根据上述命令的输出信息,可以看到该 SSH 会话的版本为 1.99,加密方式为 3DES。

此外,命令 show ip ssh 可以查看到 SSH 的版本、密码响应超时时间和输入密码的次数，如例 5-7 所示。

例 5-7 命令 show ip ssh 的输出信息

```
SSHServer# show ip ssh
SSH Enabled -version 1.99
Authentication timeout: 120 secs; Authentication retries: 3
Minimum expected Diffie Hellman key size : 1024 bits
IOS Keys in SECSH format(ssh-rsa, base64 encoded):
ssh-rsa
AAAAB3NzaC1yc2EAAAADAQABAAAAgQDCVodExaFJEMEZXRBYwF6GXboUtzWcxJVBxOP18/ra
M3gL4UWBrv9waNSVIdzVCoOniD1DxxiEOhuauKcOMbZxUthdNumX5fMZh7huWPWugG
9ssZ7fbC0F+9r7
QomU6U9KGxrtJZSE6APreO8CW/3ufBY7VI8weiA1kEhqrb/qgw==
```

思 考 题

1. 既然 Telnet 协议也可以对远程管理用户进行身份认证，为什么还要使用 SSH 协议来保护远程管理访问？

2. SSH 协议旨在实现 CIA 三原则中的哪个（或哪几个）原则？

第 6 章　通过 ASA 实现 VPN 连接

6.1　ASA 设备概述

本书在第 3 章介绍 IPSec VPN 技术时,曾用大量的篇幅介绍了如何使用思科路由器作为加密点,建立 VPN 连接。在实际应用环境中,除了路由器,硬件防火墙也常常充当 VPN 连接的加密点。鉴于 IPSec VPN 在保护网络流量方面的重要作用以及实施 IPSec VPN 的复杂性,本书将专门用一章的篇幅来介绍如何使用思科公司生产的 ASA 专用硬件防火墙作为 VPN 的加密点,实现 VPN 连接。

ASA(Adaptive Security Appliance,自适应安全设备)的前身是思科公司的系列防火墙 PIX,因 PIX 使用的算法 ASA(Adaptive Security Algorithm,自适应安全算法)而得名。ASA 不仅继承了 PIX 系列产品所具备的防火墙功能,同时还集成了入侵防御技术和 SSL-VPN 等新的功能与特性。当前,ASA 系列平台包括 ASA 5505、5510、5520、5540、5550、5580、5585-X,不同平台的适用环境从小型企业或企业远程办公环境,到大型企业、数据中心和服务提供商网络不等,价格亦相差近百倍。除了 ASA 5505、ASA 5580 和 ASA 5585-X 之外,不同平台的设备外观相差并不太大。图 6-1 为 ASA 5520 设备的外观。

图 6-1　ASA 5520 设备展示图

概括地说,ASA 可以通过图形用户界面(GUI)和命令行界面(CLI)两种方式进行远程管理,本书仅介绍采用命令行界面的方式来对设备进行管理的方式。

尽管作为硬件防火墙,ASA 的核心功能与路由器大不相同,但除了涉及防火墙和路由器核心功能的一些配置命令之外,ASA 的操作与思科路由器却很类似,熟悉思科路由器操作方式的用户可以很快上手 ASA 的配置,无须专门进行介绍。

相比配置方式,ASA 的工作方式则与路由器拥有较为明显的区别。在 ASA 上,管理员需要在每个可路由的接口上指定一个 0~100 的整数作为该接口的安全级别(在接口配置模式下通过命令 security-level 来指定)。这个数值越大,代表这个接口所连接的网络也就越可信/可靠。在默认情况下,ASA 只会转发从高安全级别接口去往低安全级别接口的流量(在与 ASA 相关的语境中,"出站流量"一词特指这种类型的流量),至于那些从较低安全级别接口发往较高安全级别接口的流量(在与 ASA 相关的语境中,"入站流量"一词则特指这一类流量),即使 ASA 拥有目的地址的路由,它也会予以丢弃。因此,如果希望某些类型的流量可以通过较低安全级别接口进入网络,并得到 ASA 的转发,就需要由网络的管理者手动制定相应策略,放行这些流量。

除了为接口指定安全级别,管理员还需要在接口配置模式下通过关键字 nameif 对 ASA 设备的接口进行命名,这个名称此后也会在与该配置有关的配置中进行调用。默认情况下,若将接口命名为 inside,那么 ASA 就会自动将该接口的安全级别设置为 100;若将接口命名为其他任何名称,ASA 则会将该接口的安全级别设置为 0。习惯上,在经典的三接口防火墙部署环境中,人们会将连接内部网络的接口命名为 inside,并将安全级别设置为 100;将连接外部网络(通常是互联网)的接口命名为 outside,并将安全级别设置为 0;同时将与允许外部用户进行访问的服务器相连的接口命名为 dmz,并将安全级别设置为 1~99 的某个数值。图 6-2 为经典 ASA 部署环境。

图 6-2　经典 ASA 部署环境示例

由于 ASA 的接口配置比路由器的接口配置要多出上述环节,因此必须提前进行介绍,这一点将在后面的配置中用到。

6.2　通过 ASA 实现站点到站点 IPSec VPN

6.2.1　实际接线图与实验拓扑

1. 实际接线图

图 6-3 为 ASA 站点到站点 IPSec VPN 的实际接线状况。

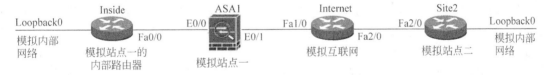

图 6-3　通过 ASA 实现站点到站点 IPSec VPN 的实际接线状况

如图 6-3 所示,本实验一共需要使用 3 台路由器和 1 台 ASA 防火墙。由左至右分别模拟公司站点一内部路由器(Inside)、公司站点一(ASA1)、互联网路由器(Internet)和公司站点二(Site2)。路由器 Inside 和 Site2 分别使用 Loopback0 模拟公司内部网络。路由器 Inside 使用 Fa0/0 接口与 ASA1 的 E0/0 接口对接,ASA1 使用 E0/1 接口和 Internet 的 Fa1/0 接口对接,路由器 Internet 和 Site2 使用接口 Fa2/0 实现对接。

2. 实验拓扑

图 6-4 所示为该环境的实验拓扑

在图 6-4 所示的 ASA 站点到站点 IPSec VPN 实验拓扑中,ASA1(202.100.1.1)和

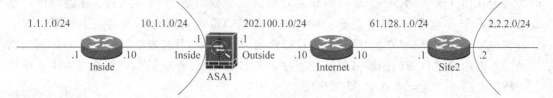

图 6-4　通过 ASA 实现站点到站点 IPSec VPN 的实验拓扑

Site2(61.128.1.1)是两个 VPN 站点连接互联网的网关设备，也是 IPSec VPN 的加密设备。本次实验的通信网络为 Inside 路由器身后的 1.1.1.0/24 网络和 Site2 身后的 2.2.2.0/24 网络。本次实验需要在 ASA1 和 Site2 之间建立隧道模式的 IPSec VPN，以保护通信网络之间的流量。

6.2.2　环境分析

除了将路由器替换为 ASA 之外，本实验环境与第 3 章中的经典 IPSec VPN 实验环境没有任何区别。由于第 3 章已经对这一环境中应采用的路由策略进行过分析，因此为了强调实现 IPSec VPN 的方式，本实验将通过默认路由的方式来实现路由转发。

6.2.3　ASA IPSec VPN 的配置

在配置 IPSec VPN 之前，需要首先配置路由器和 ASA 的 IP 地址与默认路由。例 6-1 至例 6-4 分别介绍了在 Inside、ASA1、Internet 和 Site2 路由器上需要执行的初始化配置。

例 6-1　Inside 上的基本网络配置

```
enable
configure terminal
!
hostname Inside
!
interface Loopback0
  ip address 1.1.1.1 255.255.255.0
!
interface FastEthernet0/0
  ip address 10.1.1.10 255.255.255.0
  no shutdown
!
ip route 0.0.0.0 0.0.0.0 10.1.1.1
!
end
```

例 6-2　ASA1 上的基本网络配置

```
enable
configure terminal
!
```

```
hostname ASA1
!
interface Ethernet0/0
  nameif Inside
  security-level 100
  ip address 10.1.1.1 255.255.255.0
  no shutdown
!
interface Ethernet0/1
  nameif Outside
  security-level 0
  ip address 202.100.1.1 255.255.255.0
  no shutdown
!
route Outside 0.0.0.0 0.0.0.0 202.100.1.10 1
route Inside 0.0.0.0 0.0.0.0 10.1.1.10 tunneled
!
end
```

注意：ASA1 阴影部分所示即为对接口进行命名，并为接口设置安全级别的相关配置。

注意：ASA1 路由配置中采用了 Tunneled 这种 ASA 静态路由特性，使用关键字 Tunneled 的静态路由只对 VPN 解密后的流量生效。因此，通过这条路由，ASA1 便会将 VPN 解密后的流量发送给网络 1.1.1.0/24。此外，可以看到在 ASA 上配置静态路由（默认路由）的方式，也与在路由器上配置静态路由（默认路由）略有不同。

例 6-3 Internet 上的基本网络配置

```
enable
configure terminal
!
hostname Internet
!
interface FastEthernet1/0
  ip address 202.100.1.10 255.255.255.0
  no shutdown
!
interface FastEthernet2/0
  ip address 61.128.1.10 255.255.255.0
  no shutdown
!
end
```

例 6-4 Site2 上的基本网络配置

```
enable
configure terminal
!
```

```
hostname Site2
!
interface Loopback0
  ip address 2.2.2.2 255.255.255.0
!
interface FastEthernet2/0
  ip address 61.128.1.1 255.255.255.0
  no shutdown
!
ip route 0.0.0.0 0.0.0.0 61.128.1.10
!
end
```

在完成了初始化配置之后，接下来的任务就是配置 IPSec VPN。首先，需要激活 ISAKMP，如例 6-5 所示。

例 6-5　激活 ISAKMP

```
ASA1(config)# crypto isakmp enable Outside
```

在 IKE 第一阶段中，按照与 IOS IPSec VPN 一例相同的策略来配置 IKE 第一阶段策略，即：

- 加密算法：3DES(默认值)。
- 散列算法：MD5(默认为 SHA-1)。
- 认证方式：预共享密钥(默认值)。
- DH 交换：Group 2(默认值)。

ASA 上配置 IKE 第一阶段策略的方法，如例 6-6 所示。

例 6-6　配置 IKE 第一阶段策略

```
ASA1(config)# crypto isakmp policy 10
ASA1(config-isakmp-policy)# encryption 3des
ASA1(config-isakmp-policy)# hash md5
ASA1(config-isakmp-policy)# authentication pre-share
ASA1(config-isakmp-policy)# group 2
```

接下来配置 IKE 预共享密钥。首先创建 tunnel-group，指定其类型为 Lan to Lan IPSec，然后配置其属性，将共享秘密设置为 L2Lkey，具体操作方法如例 6-7 所示。

例 6-7　配置 IKE 预共享秘密

```
ASA1(config)# tunnel-group 61.128.1.1 type ipsec-l2l
ASA1(config)# tunnel-group 61.128.1.1 ipsec-attributes
ASA1(config-tunnel-ipsec)# pre-shared-key L2Lkey
```

下面继续配置 IKE 第二阶段策略，具体方法与 IOS IPSec VPN 类似。
首先通过访问控制列表定义感兴趣流，方法如例 6-8 所示。

例 6-8　在 ASA 上定义感兴趣流

```
ASA1(config)# access-list asa1vpn permit ip 1.1.1.0 255.255.255.0 2.2.2.0 255.
```

255.255.0

注意：在 ASA 上配置 ACL 需要使用子网掩码，而不是通配符（亦称反掩码）。

下一步是按照 IOS IPSec VPN 的策略来配置转换集（即定义 IPSec 策略）：

* 封装方式：ESP。
* 加密方式：DES。
* 完整性校验：MD5-hmac。

具体配置方式如例 6-9 所示。

例 6-9　配置转换集（IPSec 策略）

```
ASA1(config)# crypto ipsec transform-set asa1Trans esp-des esp-md5-hmac
```

在定义了感兴趣流和转换集之后，下一步是创建加密映射（crypto map），在其中调用上文中定义的感兴趣流和转换集，并设置 VPN 的对等体。ASA1 上的具体配置方法如例 6-10 所示。

例 6-10　配置 crypto map

```
ASA1(config)# crypto map cry-map1 10 match address asa1vpn
ASA1(config)# crypto map cry-map1 10 set transform-set asa1Trans
ASA1(config)# crypto map cry-map1 10 set peer 61.128.1.1
```

此时，也可以根据环境需求，使用命令 crypto map cry-map1 10 set pfs group2 来启用 PFS（完美向前保密），或使用命令和 crypto map cry-map1 10 set security-association lifetime seconds number 来设置 IPSec SA 的生存时间。

下面，需要将这个 crypto map 应用到相应的接口下。如图 6-4 所示，在防火墙 ASA1 上，这个加密映射显然应该应用在接口 Outside 下，如例 6-11 所示。

例 6-11　将 crypto map 应用到接口

```
ASA1(config)# crypto map cry-map1 interface Outside
```

下面只需在 Site2 上按照与 IOS IPSec VPN 一例中完全相同的方式进行配置即可，如例 6-12 所示。

例 6-12　在 Site2 上配置 IPSec VPN

```
Site2(config)# crypto isakmp policy 10
Site2(config-isakmp)# encr 3des
Site2(config-isakmp)# hash md5
Site2(config-isakmp)# authentication pre-share
Site2(config-isakmp)# group 2
Site2(config-isakmp)# exit
Site2(config)# crypto isakmp key 0 L2Lkey address 202.100.1.1
Site2(config)# ip access-list extended site2vpn
Site2(config-ext-nacl)# permit ip 2.2.2.0 0.0.0.2551.1.1.0 0.0.0.255
Site2(config-ext-nacl)# exit
Site2(config)# cry ipsec transform-set site2Trans esp-des esp-md5-hmac
Site2(cfg-crypto-trans)# exit
```

```
Site2(config)# crypto map cry-map2 10 ipsec-isakmp
Site2(config-crypto-map)# match address site2vpn
Site2(config-crypto-map)# set transform-set site2Trans
Site2(config-crypto-map)# set peer 202.100.1.1
Site2(config-crypto-map)# interface FastEthernet2/0
Site2(config-if)# crypto map cry-map2
```

6.2.4　IPSec VPN 的测试

在完成 ASA 与路由器之间的经典 IPSec VPN 配置之后,可以通过在 Inside 路由器上通过扩展 ping 来制造源为 1.1.1.1,目的为 2.2.2.2 的感兴趣流,如例 6-13 所示。

例 6-13　测试 IPSec VPN

```
Inside# ping 2.2.2.2 source 1.1.1.1 repeat 100

Type escape sequence to abort.
Sending 100, 100-byte ICMP Echos to 2.2.2.2, timeout is 2 seconds:
Packet sent with a source address of 1.1.1.1
.....!!!!!!!!!!!!!!!!!!!!!!!!!!!!!!!!!!!!!!!!!!!!!!!!!!!!!!!!!!!!!!!!!!!!!
!!!!!!!!!!!!!!!!!!!!!!!!!!!!!!!
Success rate is 95 percent (95/100), round-trip min/avg/max=12/48/128 ms
```

在 ASA 上执行 show crypto isakmp sa detail 命令可以查看 ISAKMP SA 的状态,如例 6-14 所示。

例 6-14　查看 ISAKMP SA 的状态

```
ASA1(config)# show crypto isakmp sa detail

IKEv1 SAs:

    Active SA: 1
    Rekey SA: 0 (A tunnel will report 1 Active and 1 Rekey SA during rekey)
Total IKE SA: 1


1  IKE Peer  : 61.128.1.1
    Type      : L2L          Role         : initiator
    Rekey     : no           State        : MM_ACTIVE
    Encrypt   : 3des         Hash         : MD5
    Auth      : preshared    Lifetime     : 86400
    Lifetime Remaining: 86350


There are no IKEv2 SAs
```

在 ASA 上执行命令 show crypto ipsec sa 可以查看 IPSec SA 的状态,如例 6-15 所示。

例 6-15　查看 IPSec SA 的状态

```
ASA1(config)# show crypto ipsec sa
```

```
interface: Outside
    Crypto map tag: cry-map1, seq num: 10, local addr: 202.100.1.1

      access-list asa1vpn extended permit ip 1.1.1.0 255.255.255.0 2.2.2.0 255.
      255.255.0
      local ident (addr/mask/prot/port): (1.1.1.0/255.255.255.0/0/0)
      remote ident (addr/mask/prot/port): (2.2.2.0/255.255.255.0/0/0)
      current_peer: 61.128.1.1

      #pkts encaps: 95, #pkts encrypt: 95, #pkts digest: 95
      #pkts decaps: 95, #pkts decrypt: 95, #pkts verify: 95
      #pkts compressed: 0, #pkts decompressed: 0
      #pkts not compressed: 95, #pkts comp failed: 0, #pkts decomp failed: 0
      #pre-frag successes: 0, #pre-frag failures: 0, #fragments created: 0
      #PMTUs sent: 0, #PMTUs rcvd: 0, #decapsulated frgs needing reassembly: 0
      #send errors: 0, #recv errors: 0

      local crypto endpt.: 202.100.1.1/0, remote crypto endpt.: 61.128.1.1/0
      path mtu 1500, ipsec overhead 58, media mtu 1500
      current outbound spi: 0AB45BEF
      current inbound spi : F0A0BF3F

    inbound esp sas:
     spi: 0xF0A0BF3F (4037066559)
       transform: esp-des esp-md5-hmac no compression
       in use settings ={L2L, Tunnel, PFS Group 2, }
       slot: 0, conn_id: 4096, crypto-map: cry-map1
       sa timing: remaining key lifetime (kB/sec): (4373990/1708)
       IV size: 8 bytes
       replay detection support: Y
       Anti replay bitmap:
       0xFFFFFFFF 0xFFFFFFFF
    outbound esp sas:
     spi: 0x0AB45BEF (179592175)
       transform: esp-des esp-md5-hmac no compression
       in use settings ={L2L, Tunnel, PFS Group 2, }
       slot: 0, conn_id: 4096, crypto-map: cry-map1
       sa timing: remaining key lifetime (kB/sec): (4373990/1708)
       IV size: 8 bytes
       replay detection support: Y
       Anti replay bitmap:
       0x00000000 0x00000001
```

在 ASA 上执行命令 show vpn-session db l2l 可以查看 VPN 会话数据库,如例 6-16
所示。

例 6-16 查看 VPN 会话数据库

```
ASA1(config)# sh vpn-sessiondb l2l

Session Type: LAN-to-LAN

Connection    : 61.128.1.1
Index         : 2                    IP Addr        : 61.128.1.1
Protocol      : IKEv1 IPsec
Encryption    : 3DES DES             Hashing        : MD5
Bytes Tx      : 9900                 Bytes Rx       : 9900
Login Time    : 23:37:03 UTC Fri Mar 21 2014
Duration      : 0h:00m:08s
```

在 ASA 上执行命令 show crypto protocol statictics ipsec 可以查看 IPSec 协议的状态，如例 6-17 所示。

例 6-17 查看 IPSec 协议状态

```
ASA1(config)# show crypto protocol statistics ipsec
[IPsec statistics]
    Encrypt packet requests: 194
    Encapsulate packet requests: 194
    Decrypt packet requests: 194
    Decapsulate packet requests: 194
    HMAC calculation requests: 388
    SA creation requests: 4
    SA rekey requests: 0
    SA deletion requests: 2
    Next phase key allocation requests: 0
    Random number generation requests: 2
    Failed requests: 0
```

6.3 通过 ASA 实现无客户端 SSL VPN

6.3.1 实验拓扑

图 6-5 为通过 ASA 代理实现无客户端 SSLVPN 的实验拓扑。

图 6-5 所示的 SSL VPN 无客户端实验拓扑与图 4-5 所示的拓扑极为类似，其中 ASA 是内部 Web 服务器 Inside 的网关，同时作为无客户端 SSL VPN 的反向代理，路由器 Internet 模拟互联网络。实验的目的是让 PC(192.168.1.1)可以使用浏览器，通过 SSL VPN 向模拟 HTTP 服务器的 Inside 路由器(10.1.1.1)发起安全的 Web 访问。

6.3.2 无客户端 SSL VPN 的配置

例 6-18～例 6-20 所示为设备初始化配置过程。

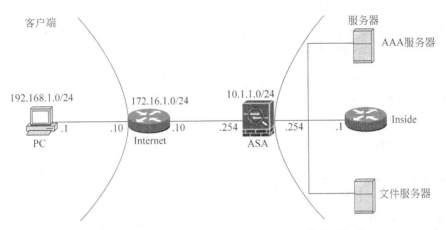

图 6-5 通过 ASA 实现无客户端 SSL VPN 的实验拓扑

例 6-18 ASA 上的基本配置

```
enable
configure terminal
!
hostname ASA
!
interface GigabitEthernet0
  nameif outside
  security-level 0
  ip address 172.16.1.254 255.255.255.0
  no shutdown
!
interface GigabitEthernet1
  nameif inside
  security-level 100
  ip address 10.1.1.254 255.255.255.0
  no shutdown
!
route outside 0.0.0.0 0.0.0.0 172.16.1.10
```

例 6-19 Internet 上的基本配置

```
enable
configure terminal
!
hostnameInternet

!
interface FastEthernet0/0
  ip address 172.16.1.10 255.255.255.0
  no shutdown
```

```
!
interface FastEthernet1/0
  ip address 192.168.1.10 255.255.255.0
  no shutdown
```

例 6-20   Inside 上的基本配置

```
Enable
Configure terminal
!
Hostname Inside
!
interface FastEthernet0/1
  ip address 10.1.1.1 255.255.255.0
  no shutdown
!
ip route 0.0.0.0 0.0.0.0 10.1.1.254
username sslvpn privilege 15 password sslvpn
ip domain name sslvpn.org
crypto key generate rsa
How many bits in the modulus [512]:1024
Ip http server
Ip http authentication local
Line vty 0 15
  Login local
```

例 6-21 所示为 ASA 上的无客户端 SSLVPN 基本配置。其中，命令 webvpn 的作用是进入 webvpn 的配置模式，而命令 enable outside 的作用是在外部接口启用 SSL VPN 功能。

例 6-21   无客户端 SSL VPN 的基本配置

```
webvpn
enable outside
username ssluser password ssluser
```

注意：完成基本配置后，用户可指定加密方式，在全局模式下通过命令 ssl encryption 可以修改加密方式。同时，SSL VPN 可调整版本，在全局模式下通过命令 ssl server-version 可以调整 SSL 的版本，如 SSLv2、SSLv3、TLSv1 等。

6.3.3   无客户端 SSL VPN 的测试

SSL VPN 配置完成后，可以在客户端 PC 上通过 IE 浏览器访问 https://172.16.1.254，通过 ASA 代理访问身后的服务器应用，如图 6-6 所示。

在 ASA 上执行命令 show ssl cache 可以查看 SSL 链接的统计信息，图例 6-22 所示。

例 6-22   查看 SSL 链接的统计信息

```
ASA(config)# show ssl cache
SSL session cache statistics:
```

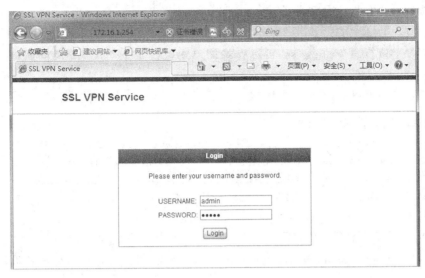

图 6-6 在 PC 上发起访问

Maximum cache size:	10000	Current cache size:	2
Cache hits:	74	Cache misses:	2
Cache timeouts:	6	Cache full:	0
Accept attempts:	82	Accepts successful:	82
Accept renegotiates:	0		
Connect attempts:	0	Connects successful:	0
Connect renegotiates:	0		

SSL VPNLB session cache statistics:

Maximum cache size:	10	Current cache size:	0
Cache hits:	0	Cache misses:	0
Cache timeouts:	0	Cache full:	0
Accept attempts:	0	Accepts successful:	0
Accept renegotiates:	0		
Connect attempts:	0	Connects successful:	0
Connect renegotiates:	0		

SSLDEV session cache statistics:

Maximum cache size:	20	Current cache size:	0
Cache hits:	0	Cache misses:	0
Cache timeouts:	0	Cache full:	0
Accept attempts:	0	Accepts successful:	0
Accept renegotiates:	0		
Connect attempts:	0	Connects successful:	0
Connect renegotiates:	0		

DTLS session cache statistics:

Maximum cache size:	10000	Current cache size:	0
Cache hits:	0	Cache misses:	0
Cache timeouts:	0	Cache full:	0
Accept attempts:	0	Accepts successful:	0

```
        Accept renegotiates:     0
        Connect attempts:        0          Connects successful:    0
```

在 ASA 上执行命令 show ssl 可以查看简单配置模式下 SSL VPN 的属性,如例 6-23
所示。

例 6-23　查看 SSL VPN 的属性

```
ASA(config)# show ssl
Accept connections using SSLv2, SSLv3 or TLSv1 and negotiate to SSLv3 or TLSv1
Start connections using SSLv3 and negotiate to SSLv3 or TLSv1
Enabled cipher order: rc4-sha1 aes128-sha1 aes256-sha1 3des-sha1
Disabled ciphers: des-sha1 rc4-md5 null-sha1
No SSL trust-points configured
Certificate authentication is not enabled
```

在 ASA 上执行命令 show webvpn statistics 可以查看 webvpn 的统计数据,如例 6-24
所示。

例 6-24　查看 webvpn 的统计数据

```
ASA(config)# show webvpn statistics
Total number of objects served    8
        html                      2
        js                        0
        css                       0
        vb                        0
        java archive              0
        java class                0
        image                     0
    undetermined                  6
```

在 ASA 上执行命令 show vpn-sessiondb webvpn 可以查看 webvpn 策略等信息,如例
6-25 所示。

例 6-25　查看 webvpn 的统计数据

```
ASA(config)# show vpn-sessiondb webvpn


Session Type: WebVPN


Username      : ssluser              Index         : 8
Public IP     : 192.168.1.1
Protocol      : Clientless
License       : AnyConnect Premium
Encryption    : RC4                  Hashing       : SHA1
Bytes Tx      : 12353                Bytes Rx      : 16591
Group Policy  : DfltGrpPolicy        Tunnel Group  : DefaultWEBVPNGroup
Login Time    : 09:06:19 UTC Thu Mar 27 2014
Duration      : 0h:00m:09s
```

```
Inactivity     : 0h:00m:00s
NAC Result     : Unknown
VLAN Mapping   : N/A                    VLAN           : none
```

思　考　题

1. 在一台 ASA 上,若两个接口的安全级别相同,请测试 ASA 是否会转发这两个接口之间的流量。

2. 请尝试使用 ASA 替代路由器 Proxy,达成 4.3.1 节中全部的实验目的(方法不限)。

第 7 章　AVISPA 安全协议分析工具

7.1　AVISPA 安全协议分析工具概述

安全协议分析的代表性工具就是 AVISPA,它的前身是欧洲 AVISS 项目中由 EYH Zurich 的信息安全组开发的 HLPSL/OFMC,后来得到了不断完善,是基于模型检测技术的一套完整、标准的形式化自动分析工具。它集成了 4 个后台分析工具:OFMC(On-the-Fly Model-Checker), CL-ATSE (Constraint-Logic-based Attack Searcher), SATMC (SAT-based Model-Checker)和 TA4SP(Tree Automata based on Automatic Approximations for the Analysis of Security Protocols)。AVISPA 以高级协议规范语言(High Level Protocol Specification Language, HLPSL)作为输入,通过翻译器 HLPS2IF 将 HLPSL 转换为中间格式(Intermediate Format, IF),然后使用模型检测器来验证。如果协议是安全的,则会报告该协议无安全漏洞;如果协议不安全,分析终端将追踪攻击事件,给出攻击过程,从而找出协议的安全漏洞。这 4 种分析方法是互补的而不是等价的,所以不同的分析方法可能产生不同的分析结果。

AVISPA 工具提供了一套建立和分析协议安全的应用软件,其结构图如图 7-1 所示。

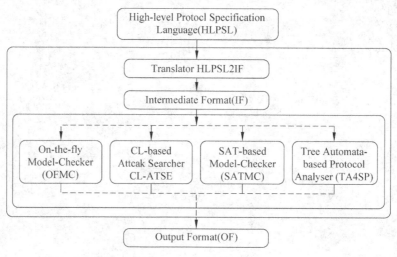

图 7-1　AVISPA 结构图

7.1.1　OFMC 模型检测器

OFMC 模型检测器通过需求驱动方式建立了一个无限树来解决协议分析问题,也就是 On-the-Fly。它是用一些具有象征性的技术来代表状态空间,通过这些技术,OFMC 不但可以高效地模拟协议(即快速攻击检测),而且可以不受攻击者产生信息的约束来验证具有有限会话的协议的正确性。

以下是相关参数说明。

1．会话编译（Session compilation）

当选中选项 Session compilation 时，被动入侵者会执行一个搜索来查找是否有诚实的代理来执行这个协议。如果某个代理在某个阶段无法执行，OFMC 会在报告协议无法执行后停止。如果可执行性检测成功，主动入侵者将会开始搜索，这与被动入侵者阶段唯一的区别就是主动入侵者在最开始知道代理之间所有交换的信息。这将做助于快速发现重放攻击，而且可以检测协议的健全性。

如果一个角色是可循环的（就是永远保持在相同的状态下并且经历了无限多的步骤），会话编译是无法使用的（OFMC 终止并显示错误信息）。当无法确认协议的可执行性的时候，在不选中会话编译的情况下检查协议，可以手动执行会话编译。

2．深度（Depth）

可以指定一个搜索深度（正整数）（默认是无限深度）。在这种情况下，OFMC 使用深度优先搜索（而标准的搜索策略是广度优先搜索和迭代加深搜索的组合）。

3．路径（Path）

这是一个正整数列表，由空格分隔。使用此选项，可以"手动浏览"搜索树，例如：

-p 是根节点。

-p 0 是根节点最左侧的子结点。

-p 0 1 是通过-p 0 获得节点的最左侧第二个节点。

如果指定了一个不存在的节点，这个选项可以被指定和其他的选项组合。但它必须放在选项序列的最后。

7.1.2　CL-ATSE

CL-ATSE 模型检测器可以将安全协议的中间格式（IF）文件作为输入，输出一组可以有效地发现协议中可能出现攻击的约束。所有的这些转换与检测都是全自动的，并且集成在 CL-ATSE 内部，而不是作为外部工具来使用。

在这种方式下，协议步骤在根据入侵者已知知识的约束下建模。例如"消息被一个诚实的参与者接收"是一个对于入侵者可变的约束。像相等、不相等、元素、非元素这些条件都是约束。为了解释 IF 过渡关系，每个角色都通过部分预处理来提取一个既准确又最小的约束来建模。参与者的状态和知识使用全局变量。任何协议步骤的执行都是通过给系统增加一个约束同时减少或消除其他约束。最后，每一个步骤都通过提供的安全属性来检测系统状态。

CL-ATSE 使用的分析算法针对有限的循环，也就是在任何执行路径中有限的协议步骤。意思就是，如果协议是无环的，那么整个协议都要被分析，否则用户必须提供循环的最大迭代次数。循环次数被约束就代表着可以在这个范围内正确和完整地搜索攻击。

当读取一个 IF 文件时，在默认状态下 CL-ATSE 会试图化简这个协议，目的是减少需要检测的协议步骤。因为大多数执行时间被消耗在检测所有协议步骤中可能存在的重叠上，所以化简对于一个大型协议是非常重要的。这样做可以识别和标记那些可以被推迟执行或者尽可能延后执行的协议步骤，之后用这些信息来减少重叠。

CL-ATSE 可以利用 XOR 运算的代数性质以及大部分的指数性质。为了模拟某些运算中的代数性质，CL-ATSE 实现了 Baader 和 Shoultz 的统一算法，优化了异或和指数的可用性。

最后，CL-ATSE 试图产生一个具有良好可读性的攻击描述。分歧点通过关键字和步骤缩进来确定，这样一个简短且详细的攻击就生成了。另外，简化协议功能是 CL-ATSE 按需提供的，用户可以通过相应的选项开启或者关闭这个功能。

以下是相关参数说明。

1. 详细模式（Verbose model）

选中此选项后输出结果会显示更为详细的分析结果信息，显示更多的攻击信息。

2. 简化模式（Simplify）

简化 IF 文件，这样可以使搜索攻击迅速得多，在默认情况下，输出显示的攻击并不经过任何简化，无论协议是否简化。由于 CL-ATSE 的输出要比 IF 文件更易读懂，这使得用户在检查协议转换时更符合预期。

3. 无类型限制模式（Untyped model）

不考虑类型限制，CL-ATSE 认为所有的变量都是泛型或者无类型，也就是说 IF 文件中描述的类型约束将不会被检测，这样有助于发现利用类型缺陷的攻击。

4. 深度优先（Depth first）

默认选项，以深度优先原则进行攻击搜索。

5. 广度优先（Breadth first）

CL-ATSE 会输出一个最短的攻击，但是这样会给内存带来更大的负担。

7.1.3 SATMC

SATMC 模型检测器建立了一个命题公式，来编码一个通过 IF 生成的协议有限展开，初始状态和违背安全性状态的集合。（SAT 通过结合"通过化简安全问题来规划问题"和"为规划设计的编码技术"来对 IF 范本编译。）这些命题公式将反馈给 SAT 解决器，任何找到的模型将被转换成一个攻击。

在实现 SATMC 时，特别关注了设计的灵活性、模块性和高效性。这使得 SAT 安全协议模型检测工具是一个开放和灵活的平台，也就是说很容易集成新的功能和技术。

SATMC 不仅能用来发现协议的攻击，而且能用来验证有限的会话过程的验证（也就是证明协议满足安全要求）。

以下是相关参数说明。

1. 深度（Depth）

这是 SATMC 将会搜索的最大深度，被置为 −1 就意味着无限深，在这种情况下不能保证程序终止，所以在默认情况下这个数被置为 30。

2. 抽象化（Abstraction refinement）

该选项默认为非选中状态，意味着开启静态互斥。选中后关闭静态互斥，开启抽象求精。

3. 复杂类型（Compound types）

该选项用来启用或者禁用复杂类型。

4. 优化攻击者（Optimized intruder）

该选项用来启用或者禁用逐步压缩优化。

7.1.4 TA4SP

在无限会话中 TA4SP 工具通过树语言的重写来计算过度近似（over-approximation）或者保守近似（under-approximation）。TA4SP 采用自动树库 Timbuk2.0 来计算出入侵者的知识。

一个过度近似可能对一个无限会话的协议的安全性有积极的作用。但是 TA4SP 需要一个特定的初始状态。否则，在过度近似的背景下，TA4SP 仅能给出"初始状态的安全性是安全的"这样的结论。

在保守近似的背景下，没有任何选择的抽象概念，工具可能判断在给定的安全性下协议是有漏洞的。

使用 TA4SP 来进行验证的时候，有以下几条经验型策略供参考：

（1）用户计算过度近似来验证保密性。

（2）如果第（1）步没能得到确切的保密性，用户可以在有限次数下继续计算保守近似来找到一个攻击。

但是这些经验型策略并不总是能得到预期的结果。实际上，对于一个不确定的结果计算过度近似并不意味着存在一个真正的攻击。到现在，TA4SP 仍不能处理集合和条件，并且只能对一个模型验证一个保密性。

以下是相关参数说明。

1. 双代理模式（Two agents only）

这个选项有助于改善计算时间，选中之后启用双代理模式，只有一个入侵者和一个诚实代理。

2. 入侵者知识（Intruder knowledge）

选中 over-approximation 选项时，level 默认为 0；选中 under-approximation 选项时可以设置 level 的值，这个值代表了重写的次数。

7.2　HLPSL 语言概述

HLPSL 语言是一种形式化的协议语言。在整个系统中作为和用户交互的最上层，用户编写 HLPSL 代码，编译器将其编译成中间语言 IF，再由最下层的分析模型进行分析得出结果。

7.2.1　HLPSL 代码结构

下面将通过一个最简单的协议了解 HLPSL 的结构。HLPSL 的结构大致分为基本角色过程（basic roles）、转换（transition）、混合角色过程（composed roles）。

在分别介绍具体的结构之前，先看一个 Andrew Secure PRC 协议的例子来对 HLPSL 有一个直观的概念。

```
role alice (A, B: agent, Kab: symmetric_key, Succ: hash_func,
            SND, RCV: channel(dy)) ——→参数
played_by A
def=
local State: nat,
    Na,Nb: text,
    K1ab:symmetric_key,
    N1b: text
Const alice_bob_k1ab, alice_bob_na, bob_alice_nb: protocol_id
init State:=0

transition
0. State=0 /\ RCV(start) =|>
   State':=2 /\ Na':=new()/\ SND(A.{Na'}_Kab)

2. State=2 /\ RCV({Succ(Na).Nb'}_Kab) =|>
   State':=4 /\ SND({Succ(Nb')}_Kab)/\ witness
   (A,B,bob_alice_nb,Nb')

4. State=4 /\ RCV({K1ab'.N1b'}_Kab) =|>
   State':=6/\ request(A,B,alice_bob_k1ab,K1ab')/\
   request(A,B,alice_bob_na,Na)

end role
```

声明变量以及初始化变量

转换段，表示信息的接收和发送以及状态转移

定义基本角色过程 alice

```
role bob (A, B: agent, Kab: symmetric_key, Succ: hash_func, SND, RCV: channel(dy))
played_by B
def=
local State: nat,
     Nb,Na,N1b: text,
     K1ab:symmetric_key
Init State:=1


Transition
1. State=1 /\ RCV(A.{Na'}_Kab) =|>
   State':=3 /\ Nb':=new()/\ SND({Succ(Na').Nb'}_Kab)/\ witness(B,A,alice_bob_
   na,Na')

3. State=3 /\ RCV({Succ(Nb)}_Kab) =|>
   State':=5 /\ N1b':=new()/\ K1ab':=new()/\ SND({K1ab'.N1b'}_Kab)
   /\ witness(B,A,alice_bob_k1ab,K1ab')/\ request(B,A,bob_alice_nb,Nb)
   /\ secret(K1ab',k1ab,{A,B})/\ secret(N1b',n1b,{A,B})


end role
```

```
role session(A, B: agent, Kab: symmetric_key, Succ: hash_func)
def=
local SAB, RAB,SBA, RBA: channel (dy)    ←——定义变量

composition
    alice(A, B, Kab, Succ, SAB, RAB)
    /\ bob (A, B, Kab, Succ, SBA, RBA)    ←——初始化基本角色过程

end role

role environment()
def=
const alice_bob_k1ab, alice_bob_na, bob_alice_nb,n1b,
    k1ab: protocol_id,
    a, b: agent,
    kab, kai, kib: symmetric_key,
    succ:hash_func

intruder_knowledge={a, b, kai, kib, succ}←——定义攻击者知识

composition
    session(a,b,kab,succ)
    /\session(a,b,kab,succ)
    /\ session(a,i,kai,succ)
    /\ session(i,b,kib,succ)

end role


goal
    secrecy_of n1b, k1ab
    authentication_on bob_alice_nb
    authentication_on alice_bob_na
    authentication_on alice_bob_k1ab

end goal


environment()    ←——执行设置环境过程
```

定义设
置会话
过程

定义
变量

定义设置
环境过程

初始化设置会话过程

混合角
色过程

目标段

7.2.2　基本角色过程

接下来将用到 Alice-Bob(A-B)表示法,这将有助于快速地理解一个协议。如下面的例子,将 Wide Mouth Frog 协议用 A-B 表示法表示:

```
A-> S:{Kab}_Kas
S-> B:{Kab}_Kbs
```

这个协议的目的是:A 想要把新产生的 A、B 间的会话密钥 Kab 发送给 B。首先 A 将 Kab 用 Kas 加密,Kas 是可信任服务器 S 与 A 的共享密钥,服务器再将 Kab 用 Kbs 加密发送给 B,这样便更新了 A、B 间的会话密钥。

A-B 表示法简单明了,它能够清晰地表示协议中信息交换的过程。很多协议描述语言

都以 A-B 表示法为基础，包括 HLPSL。但 A-B 表示法还不能清晰地表示当前更加错综复杂网络事件，比如，在协议中需要会话控制语句，可是 A-B 表示法仅能表示简单的信息交换过程，所以需要表达能力更强的语言，如 HLPSL。

HLPSL 是以角色过程为基础的语言，在描述每一个参与者的行为时必须将其置于一个模型中，这个模型叫做基础角色过程。为一个协议建立模型，首先要用 A-B 表示法表示出信息交换的过程，再规范说明基础角色过程。协议中的每一个参与者都有其自己的基础角色过程，用来说明其行为。对于每个基础角色过程，都可能有一个或者多个参与者实例化该角色过程。例如在 WMF 协议中，有 3 个基础角色过程，分别叫做 alice、bob 和 server(注意，角色过程的名字通常小写开头)。例如，使用 alice 表示这个基础角色过程，而运行这个角色过程的代理的名字是在上面 A-B 表示方法中的 A。

每一基础角色过程描述了参与者的如下信息：参数、定义变量和转换。例如，在协议中的 ailce 的角色过程可能这样说明：

```
role alice(A,B,S:agent, Kas:symmetric_key, SND,RCV:channel(dy))
Played_by A def=
Local State:nat,Kab:symmetric_key
Init State:=0
Transition
...
End role
```

这是角色过程 alice 的部分描述，包括 3 个代理(agent)类型的参数，表示参与者，分别是 A、B、S。还包括对称密钥(symmetric_key)类型的参数 Kas，而参数 SND 和 RCV 是通道(channel)类型，表示运行这个 alice 角色过程的代理在该通道上进行通信。在例子中这个通道的属性是 dy，表示该通道面对所有的入侵者模型。入侵者模型将会在后面详细描述。

所有在 HLPSL 中的变量都以大写字母开头，而常量以小写字母开头。并且，对每一个变量或者常量，都必须声明其类型。在例子中，假设所有变量的值都传递给了参数。在 played_by 中出现了参数 A，A 表示代理 A 将执行 alice 这个角色过程。更直观的理解就是 A 来扮演 alice 这个角色，而他的剧本就是转换段(Transition)。在 Local 段中声明 alice 的局部变量。在例子中，State 是一个自然数；nat 和 Kab 是一个新的会话密钥。初始状态变量 State 在 Init 段中初始化为 0。

7.2.3 转换

通常一个转换段包含了多条转换。每一条转换表示的是接受信息和响应信息的发送。每条转换都包括一个触发条件和触发条件满足的时候所做的动作。下面是例子中 server 的角色过程：

```
Step1.State=0/\RCV({Kab'}_Kas) =|>
State'=2/\SND({Kab'}_Kas)
```

这个转换的 id 叫做 Step1，用来和其他转换做区分。这个转换描述了当初始状态 State 的值为 0，且在通道 RCV 上收到一个包含用 Kas 加密值 Kab' 的消息时，这样一个转换就发生了,使状态 State 的值变为 2,再用通道 SND 发送 Kab',但这次用 Kbs 加密。

这条转换中有几个需要注意的符号,∧表示并且(与)的意思,＝|＞(箭头)表示当左侧的触发条件满足时,执行右侧的后续操作。

这个例子中,我们注意到了 X' 的出现,这种表示方法代表了 X 被赋予了一个新的值。也可以理解为 X' 为 X 的一个副本。必须知道的一个原则是,直到转换完成,原始变量的值不会发生变化。因此,当转换 Step1 发生后,需要将符号 ＝|＞ 右边的 State 的值变成 2,这里就只能使用 State' 来表示。也可以理解为在整个转换执行完毕后又追加执行了赋值操作:state＝state'。

值得注意的是,RCV 中的变量加了一撇,表示将接收到的值赋予这个变量。就像在例子中所表现的那样,可以描述一个信息的期望结构:期望的是一个加密的消息,这个消息必须用 Kas 加密。而消息如果没有加撇,意味着这个接收到的消息内容必须和变量的当前内容一样。所以,加了撇的加密消息可以是任意内容。

7.2.4　混合角色过程

混合角色过程是实例化一个或者几个基础角色过程,把它们放在一起运行,通常是并行的。当定义了基础角色过程后,就可以定义一个混合角色过程,表示协议中的会话过程。在例子中,因为已经定义了 alice 角色过程,我们还假设有了 bob 和 server 的角色过程和期望的参数,就可以定义一个混合角色过程,实例化每个角色过程,用来描述整个协议的会话过程。通常,这个混合角色过程叫做 session。

```
role session(A,B,S:agent, Kas,Kbs:symmetric_key )
def=
Local SA,RA,SB,RB,SS,RS:channel(dy)
Composition
Alice(A,B,S,Kas,SA,RA)
/\bob (B,A,S,Kbs,SB,RB)
/\server(S,A,B,Kas,Kbs,SS,RS)
End role
```

在混合角色过程中,没有转换段(Transition),取而代之的是混合段(Composition),在其中,基础角色过程被实例化。∧表示这些角色过程要并行处理。在会话(session)角色过程中,通常要将所有用到的通道进行声明。这些变量不用被具体的常量实例化,换句话说,就是不用给它们赋一个初值。通道类型还有另外的一个性质,在小括号()中定义了为通道假设的入侵模型。在例子中,声明了 channel(dy)表示这个入侵模型是 Dolev-Yao 入侵者模型。在这个模型中,入侵者控制了整个网络,这样被代理发送的所有消息都将经过入侵者。入侵者可能截获、分析或者修改消息,并且装作任意一个代理发送任何他自己构造的消息给任何他想给的人。因此,代理可以在任何一个通道上接收和发送消息(例如,alice 在 SA 上发送消息给 bob,bob 在 RB 上接收这些消息),他们在哪两个管道间通信完全是无关紧要的,因为这是入侵者模型网络。

最后要定义一个高层的角色过程。这个角色过程包含全局常量,还包括一个或者多个会话的混合角色过程,这里,入侵者可能伪装成合法用户,运行某些角色过程。这里还有一些语句描述了入侵者的知识,也就是入侵者在初始状态已知的东西。通常情况下,入侵者应该知道代理的名字、所有的公钥、自己的私钥、他和其他的代理共享的密钥,以及所有参与者都知道的函数。注意,常量 i 通常用来表示入侵者。例子如下:

```
role environment()
def=
consta, b, s:agent, kas,kbs,kis:symmetric_key
intruder_knowledge={a,b,s,kis}
composition
session(a,b,s,kas,kbs)
/\session(a,b,s,kas,kbs)
/\session(a,i,s,kas,kis)
/\session(i,b,s,kis,kbs)
End role
```

在协议的最后的语句代表最高层角色过程的实例化,同时也是整个协议的入口函数:

```
environment()
```

7.2.5 检验目标

使用 HLPSL 是为了验证协议的一些性质,比如这个协议应该是一个安全的协议。执行 environment()之前一般会加一段目标段代码,例子如下:

```
goal
secrecy_of k
authentication_on na
end goal
```

这里 secrecy_of k 表示验证目标是 k 所代表的信息是一个安全的信息(即攻击者无法获得信息 k),authentication_on na 表示 na 所代表的信息是一个可靠的验证信息。而 k 和 na 的实际意义其实是两个谓词逻辑,而这个目标是验证这个命题的真假。

这里总共有以下几种目标:

- secrecy_of:验证数据的安全性。
- authentication_on:验证数据的可认证性(强认证)。
- weak_authentication_on:验证数据的可认证性(弱认证,不考虑重放攻击)。

对应目标的谓词逻辑包括以下 4 种:

- secret(E,id,S):声明主体 S 秘密分享了信息 E,并且这个秘密被命名为一个不变的 id,这个 id 将在目标定义中用到。
- witness(A,B,id,E):这是一个弱验证属性,语义为 A 声明 A 向 B 发送了信息 E,这个声明将被命名为一个不变的 id,并且这个 id 将在目标定义中用到。
- request(B,A,id,E):这是一个强验证属性,语义为 B 声明 B 确实收到了来自 A 的信息 E,这个声明将被命名为一个不变的 id,并且这个 id 将在目标定义中用到。
- wrequest(B,A,id,E):这个和 Request 类似,只不过是一个弱属性,并不验证重放攻击。

下面具体举例说明：

如果目标定义中存在形如 authentication_on na 出现，那么就意味着需要验证以 na 为 id 的 witness 和 request 的真实性，也就是这两个谓词逻辑是否为真。如果在转换部分声明了 witness(A,B,na,Na) 和 request(B,A,na,Na)，实际检测过程中检测到某条为 a—>i 的路径声明了 witness(A,B,na,Na)，也就是 A 实际上把信息发送给了攻击者 i 而不是接收方 B。而 i 用其他信息替换了 Na，之后再转发给了 B，这时 B 声明了 request(B,A,na,Na)，那么就意味着该条声明为假，一旦出现这种情况就会证明目标 authentication_on na 为不可靠的。这里要注意 witness(A,B,na,Na) 和 request(B,A,na,Na) 是成对出现的。

目标定义中如果出现形如 weak_authentication_on na 的目标说明，这里要验证的是一个弱属性，也就是不需要验证重放攻击，那么在转换中出现的 witness 对应的应该是 wrequest 而不是 request。

接下来是 secret，如果目标中存在形如 secrecy_of sec 的目标说明，这里要验证谓词逻辑 sec 是否为真，如果在转换部分声明了 secret(K,sec,{A,B})，而实际检测中却发现某个攻击者 i 实际上是得到了这个 K 的，或者这个 K 的控制权根本就在 i 手里，那么就意味着该条声明为假，一旦出现这种情况，就会证明目标 secrecy_of sec 为不可靠的。

下面将给出例子来详细讲解这个语言的规范。

7.3 HLPSL 范例解析

7.3.1 Andrew Secure PRC 协议

下面用 A-B 表示法表示这个协议的过程：

A—>B：A.{Na}_Kab

B—>A：{Na+1.Nb}_Kab

A—>B：{Nb+1}_Kab

B—>A：{K1ab.N1b}_Kab

或是如图 7-2 所示。

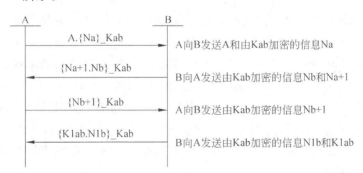

图 7-2 Andrew Secure PRC 协议交互图

这个协议的作用是通信双方的认证，然后再建立一个秘密的会话密钥 K1ab，用于进一步通信，N1b 的值用在后续的通信中使用，所有的 K1ab 和 N1b 都是由 B 产生的。

这个协议的 HLPSL 表达如下：

```
role alice (A, B: agent,Kab: symmetric_key,Succ: hash_func,SND, RCV: channel
(dy))
played_by A
def=
local State: nat,Na,Nb: text,K1ab: symmetric_key,N1b: text
const alice_bob_k1ab, alice_bob_na, bob_alice_nb: protocol_id
init State:=0
transition
0. State=0/\RCV(start) =|>State':=2/\Na':=new()/\SND(A.{Na'}_Kab)
2. State=2/\RCV({Succ(Na).Nb'}_Kab) =|> State':=4/\SND({Succ(Nb')}_Kab)/\
witness(A,B,bob_alice_nb,Nb')
4.State=4/\RCV({K1ab'.N1b'}_Kab) =|>State':=6/\request(A,B,alice_bob_k1ab,
K1ab')/\request(A,B,alice_bob_na,Na)
end role
```

上面描述的是 alice 的角色过程,在协议中就是 A 的状态变化过程,这里需要特别注意的是,transition 中每个 State 的编号 0、2、4、6 都是偶数,这是为了方便从整体上构建这些会话的过程,是惯例,方便思考。

在 HLPSL 中没有定义加法,这里用以 Succ 命名的一个哈希方法来替代加法。这里并不关心这个方法的具体实现是什么,可以把它认为是任意一种运算,也可以认为是最简单的 $f(x)=x+1$ 函数。

这里的 witness(A,B,bob_alice_nb,Nb') 和 request(B,A,bob_alice_nb,Nb)相对应,witness(A,B,bob_alice_nb,Nb)表示 A 表明 A 确实发了 Nb 给 B,request(B,A,bob_alice_nb,Nb)表示 B 要求 Nb 确实是 A 发来的。

Def=开始的部分是声明变量,local 代表局部变量,const 代表常量,这里的 bob_alice_nb 等是 protocol_id 型的常量,在混合角色过程 environment 中声明,在 goal 中使用,authentication_on ID(protocol_id)表示协议的目标。因为是在 environment 中声明过的常量,所以这里不声明也可以,init 后面的部分是变量初始化。

transition 下面的部分是转换段,这里抽取转换中的第 0 步具体说明:0. State=0/\ RCV(start) =|>State':= 2/\Na':=new()/\SND(A.{Na'}_Kab)。"0."表示这次转换的编号,=|>左边的 State=0/\RCV(start)是触发条件,意思是当满足状态 state=0 且通过接受管道 RCV 接收到一个 start 信息时发生状态转换。=|>右边的 State':= 2/\Na':= new()/\SND(A.{Na'}_Kab)表示 state 的副本 state'的值置为 2,并且用 new()新生成一个随机数赋给 Na 的副本 Na',同时通过发送管道 SND 发送一条信息,信息的内容是 A.{Na'}_Kab,意思就是该信息包括用 Kab 加密的 Na',还包括 A。这里要注意格式,密钥加密的信息放在"{}"中,密钥放在"_"后。

```
role bob (A, B: agent,Kab: symmetric_key,Succ: hash_func,SND, RCV: channel(dy))
played_by B
def=
local State: nat,Nb,Na,N1b: text,K1ab: symmetric_key
```

```
init State:=1
transition
1.State=1/\RCV(A.{Na'}_Kab)=|>State':=3/\Nb':=new()/\SND({Succ(Na').Nb'}_
Kab)/\witness(B,A,alice_bob_na,Na')
3.State=3/\RCV({Succ(Nb)}_Kab)=|>State':=5/\N1b':=new()/\K1ab':=new()/\SND
({K1ab'.N1b'}_Kab)/\witness(B,A,alice_bob_k1ab,K1ab')/\request(B,A,bob_alice_
nb,Nb)/\secret(K1ab',k1ab,{A,B})/\secret(N1b',n1b,{A,B})
end role
```

以上的这段是对 bob 角色过程的描述,即是 B 的状态变化过程,这里需要指出的是 secret(K1ab',k1ab,{A,B})表示 K1ab 仅 A 和 B 知道,对其他代理保密。同样这里的 request(B,A,bob_alice_nb,Nb)也对应着上面的 witness(A,B,bob_alice_nb,Nb'),request 还有另外一个类似的形式 wrerequest,意思是弱认证,表示检测重放攻击。

```
role session(A, B: agent,Kab: symmetric_key,Succ: hash_func)
def=
local SAB, RAB,SBA, RBA: channel (dy)
composition
alice(A, B, Kab, Succ, SAB, RAB)/\ bob(A, B, Kab, Succ, SBA, RBA)
end role
```

混合角色过程 session,将 alice 和 bob 的会话过程实例化,形象地描述了这个会话的过程。在这里需要将会话通道全部声明。

```
role environment()
def=
const alice_bob_k1ab, alice_bob_na, bob_alice_nb,n1b, k1ab: protocol_id,a, b:
agent,kab, kai, kib: symmetric_key,succ: hash_func
intruder_knowledge={a, b, kai, kib, succ}
composition
session (a, b, kab, succ)/\ session (a, b, kab, succ)/\ session (a, i, kai, succ)/\
session(i,b,kib,succ)
end role
```

以上是最高层的角色过程 environment 的声明,将入侵者的知识(即入侵者在初始状态已知的东西)、各个常量、会话密钥、各个代理的名字、会话过程的实例化、协议目标都在这个角色过程中声明,是整个协议的最高层的角色过程。

```
goal
secrecy_of n1b, k1ab
authentication_on bob_alice_nb
authentication_on alice_bob_na
authentication_on alice_bob_k1ab
end goal
```

目标段里面确立了 5 个目标,也就是这个协议里某些认为必须满足的条件,比如 n1b、

k1ab 必须是保密的,bob_alice_nb、alice_bob_na、alice_bob_k1ab 必须能够确保数据的真实性等。如果这些目标在之后的检测中有不满足的,就会在结果中看到 UNSAFE 的警告,并且能够看到系统模拟的攻击模式。这在这里就不具体说明了,现在可以告诉你们的是这条协议确实存在漏洞。

```
environment()
```

上面这句表示将 environment 实例化,也是整个协议的入口。

7.3.2 chap 协议

chap 协议是一种常用的认证协议,下面用 A-B 表示法表示这个协议的过程:

1. A—>B: A

2. B—>A: Nb

3. A—>B: Na,H(k(A,B),(Na,Nb,A))

4. B—>A: H(k(A,B),Na)

其中:

B:服务器。

A:客户端。

k(A,B):A 与 B 的共享密钥。

Na:客户端生成的随机数。

Nb:客户端生成的随机数。

1. 角色提取

通过对 MS-CHAP 协议分析,客户端和服务器的两个角色被提取。根据协议消息的来源、消息的内容和参与主体,客户端和服务器的角色提取表示如下。

1) 客户端(协议的发起者)

```
role chap_Init (A,B: agent,              //代理
              Kab: symmetric_key,        //对称密钥
              H: hash_func,              //哈希函数
              Snd, Rcv: channel(dy))     //信道
played_by A
```

定义:

```
local State: nat,
Na, Nb: text
const sec_kab1: protocol_id
init State:=0
```

2) 服务器(协议的接收者)

```
role chap_Resp (B,A: agent,              //代理
              Kab: symmetric_key,        //对称密钥
              H: hash_func,              //哈希函数
```

```
                Snd, Rcv: channel(dy))    //信道
played_by B
```

定义：

```
local State : nat,
Na, Nb: text
const sec_kab2: protocol_id
init State:=0
```

3）角色会话提取

```
role session(A,B: agent,                    //代理
             Kab: symmetric_key,            //对称密钥
             H: hash_func)                  //哈希函数
```

定义：

```
local SA, SB, RA, RB: channel (dy)
composition
    chap_Init(A, B, Kab, H, SA, RA)
    /\ chap_Resp(B, A, Kab, H, SB, RB)
```

2. 转换规则
1）客户端

```
(1) State=0 /\ Rcv(start) =|>
    State':=1 /\ Snd(A)

(2) State=1 /\ Rcv(Nb') =|>
    State':=2 /\ Na':=new() /\ Snd(Na'.H(Kab.Na'.Nb'.A))
            /\ witness(A,B,na,Na')
            /\ secret(Kab,sec_kab1,{A,B})

(3) State=2 /\ Rcv(H(Kab.Na)) =|>
    State':=3 /\ request(A,B,nb,Nb)
```

2）服务器

```
(1) State=0 /\ Rcv(A') =|>
    State':=1 /\ Nb':=new() /\ Snd(Nb')
            /\ witness(B,A,nb,Nb')

(2) State=1 /\ Rcv(Na'.H(Kab.Na'.Nb.A)) =|>
    State':=2 /\ Snd(H(Kab.Na'))
            /\ request(B,A,na,Na')
            /\ secret(Kab,sec_kab2,{A,B})
```

3. 攻击者描述

```
role environment()
```

定义：

```
const a, b: agent,
    kab, kai, kbi: symmetric_key,
    h: hash_func,
    na, nb: protocol_id
```

攻击者知识={a, b, h, kai, kbi ,kab}

```
composition
session(a,b,kab,h) /\
session(a,i,kai,h) /\
session(b,i,kbi,h)
```

4. 安全目标

(1) 共享密钥 sec_kab1，sec_kab2，sec_kab 的保密性。

(2) 客户端对服务器随机数 nb 的验证。

(3) 服务器对客户端随机数 na 的验证。

5. 实验结果

AVISPA 工具的验证结果如图 7-3 所示，从 OFMC、ATSE 分析终端中的实验结果中可以看出，chap 认证协议是带有安全漏洞的。

7.3.3　HLPSL 使用技巧

1. X′ 变量

如果一个变量要被赋予一个新值，也就是在：=左边的话，那么一定是一个 X′ 变量，如果在同一次转换中引用这个新的值，那么请用 X′ 变量来获取这个新值。以下是一些指导原则：

- 在 RCV 通道中接收一个新的值，并将这个值放在一个变量中，那么这个变量必须是 X′ 的形式。
- 如果在 SND 通道中发送一个旧的值，就不要使用 X′ 的形式。
- 再同一次转换中，如果要发送一个刚刚接收的或者计算后的值，那么应该是同变量 X′ 的形式。
- 如果一个局部变量需要在第一次读取或者发送之前赋值，无论是在初始化阶段或者赋值阶段，都应该赋给该变量的 X′ 形式。

2. witness 和 request

当使用 witness 或 request(wrequest)时，第三个参数应当是一个 protocol_id 类型的标识符，它们通常在最顶层角色过程中被声明，通常为 environment()，它们用来将 witness 和 request 谓词逻辑联系在一起，并在目标中引用。

3. secrecy

如果想表达一个特定的值，这个值是由 A 扮演的角色产生或者选定的，而且是 A 与其他代理之间的秘密的话，那么应当在 A 扮演的角色的转换段中写入如下内容：

```
secret(T,t,{A,B,C})
```

```
OFMC:                                    ATSE:
                                         SUMMARY
%OFMC                                      UNSAFE
%Version of 2006/02/13                   DETAILS
SUMMARY                                    ATTACK_FOUND
  UNSAFE                                   TYPED_MODEL
DETAILS                                  PROTOCOL
  ATTACK_FOUND                             D:\NPLAB\temp\130570766808871194.if
PROTOCOL                                 GOAL
  D:\NPLAB\temp\130570765157676751.if      Secrecy attack on (kab)
GOAL                                     BACKEND
  secrecy_of_sec_kab1                       CL-AtSe
BACKEND                                  STATISTICS
  OFMC                                     Analysed: 7 states
COMMENTS                                   Reachable: 7 states
STATISTICS                                 Translation: 0.01 seconds
  parseTime: 0.00s                         Computation: 0.00 seconds
  searchTime: 0.01s                      ATTACK TRACE
  visitedNodes: 1 nodes                  i->(a,3): start
  depth: 1 plies                         (a,3)->i: a
ATTACK TRACE                             i->(a,3): Nb(2)
i->(a,3): start                          (a,3)->i: n2(Na).{kab.n2(Na).Nb(2).a}_h
(a,3)->i: a                              & Secret(kab,set_61);
i->(a,3): x238                           witness(a,b,na,n2(Na)); Add a to set_61;
(a,3)->i: Na(2).h(kab.Na(2).x238.a)      & Add b to set_61;
i->(i,17): kab
i->(i,17): kab
%Reached State:
%
%secret(kab,sec_kab1,set_61)
%contains(a,set_61)
%contains(b,set_61)
%state_chap_Init(b,i,kbi,h,0,dummy_
nonce,dummy_nonce,set_77,9)
%state_chap_Init(a,i,kai,h,0,dummy_
nonce,dummy_nonce,set_74,6)
%state_chap_Init(a,b,kab,h,2,Na(2),
x238,set_61,3)
%state_chap_Resp(b,a,kab,h,0,dummy_
nonce,dummy_nonce,set_69,3)
%witness(a,b,na,Na(2))
```

图 7-3　chap 协议安全性分析结果

　　t 是在目标中使用的标识符,在 HLPSL 的目标段中声明一个 secrecy_oft 来调用它。在创建它的对应角色中,应该尽早声明它。因为在该声明后将进行保密性检查,并且将持续到整个协议的最后。如果变量 T 只对单一角色具有保密性,那么保密声明仅能放在该角色中。如果该秘密是被多个角色分享的,那么在每个角色中都应当进行声明。不幸的是,如果入侵者在一次会话中得知了这个秘密,那么他会在其他会话中伪装成一个诚实的代理,而其他代理仍然认为这个秘密只在诚实的代理之间才被知晓。这种问题无法查出来，但这并不是一个严重的问题。因为这只是认证攻击的一个特征，而认证攻击是能被检测出来的。如果 A 扮演的角色给 U 扮演的角色分享了一个秘密，但是 U 是一个 A 所不能到达的代理，那么谓词 secret(T,t,{U}) 不能放在 A 中，而是应当放在 U 中，之后将 T 传递给 U 来进行验证。

4. ". "和", "

". "在书写信息是出现，例如 SND(A. B. Na′)。

", "在需要将多个参数传递给函数或者事件时出现，例如 secret(Kab,kab,{B})。

注意，". "是联合的意思，而", "不是，所以(A. B). Na′＝A. (B. Na′)，它允许检查缺陷型的攻击。

5. 实例化会话

会话实例有时比实际的要简单，通常情况如下：最高等级的角色通常叫做环境（environment），在环境角色中多个会话被实例化用来组成角色会话，而在会话角色中通常只实例化一遍每个基础角色。例如 alice 和 bob，代码看起来可能像这样：

```
role environment()
def=
const a,b: agent
composition
session(a,b,...)
/\ session(a,i,...)
end role
role session(A,B: agent,...)
def=
composition
alice(A,...) /\ bob(B...)
end role
rolealice(A: agent,...)
played_by A def=
...
end role
role bob(B: agent,...)
played_by B def=
...
end role
```

上面有 3 个代理参与了此方案：a、b 和 i。在这两次会话中，a 扮演了 alice，称之为 alice1 和 alice2。在第一次会话中 b 扮演了 bob，在第二次会话中入侵者扮演了 bob。HLPSL 按值传递变量，这就意味着 alice1 和 alice2 有所有局部变量的独立副本，并且是一个有效的独立状态机，A 有时也可以作为一个参数传递。

这里还有一个有趣的例子，如下：

```
composition
session(a,b,kab)
/\ session(a,b,kab)
...
```

从本质上讲，这是两次相同的会话，在同样的客户机和服务器之间。其实这是对 Andrew secureRPC 协议攻击的前提。因为使用共享密钥 kab 加密的信息，所以信息不会被外界知道。就像这样：

```
B->A:{K1ab, N1b}_Kab
```

试着将上面范例中的代码改为

```
composition
session(a1,b,kab1)
/\session(a2,b,kab2)
...
```

会发现结果中没有发现攻击。所以角色的实例化相当微妙，应当在设计时仔细的分析。

7.3.4 HLPSL 关键字

HLPSL 中的关键字如表 7-1 所示。

表 7-1　HLPSL 中的关键字

符　号	描　述	示　例
.	联想连接	SND(ABC.XY.Z)
,	用来将元素分离开	
'	在给变量赋予新值时引用	X'
;	接续角色成员	Phase1(...); Phase2(...)
%	注释(直至行尾)	
=	在 init 部分初始化局部变量	init X=1
=	变量赋值	X'=1
=	判断指定变量和表达式是否相等	X=1
<	小于	X<2
/\	逻辑和	X=2/\Y=3
/\	并联角色成员	Alice(...) /\ Bob(...)
/_	将多个元素组成一个集合	/_{in(A,Agents)} Kr(A)=[]
—>	将一个数据类型映射为另一个	KeyMap: agent-> public key
=|>	过渡转换	RCV(X)=|>SND(Y)
{ }	声明知识时的集合符号	{a,b}
{}_	加密或签名	SND({X}_K)
()	设置函数参数,声明发送或者接收的内容	
[]	列表值	init L=[]

符　　号	描　　述	示　　例
accept	用来接续，当一个角色完成时，另一个角色可以开始	accept State=5/\Auth=1
agent	代理数据类型	
bool	布尔值数据类型	
channel(dy)	管道数据类型，目前只有 Dolev-Yao 可用	
composition	标志混合部分开始	
cons	向集合或列表中添加元素	L'=cons(X,L)
def=	表明角色的主体开始	
end role	表明角色结束	
function	单向函数数据类型	
hash	函数的同义词	
i	入侵者的身份	
in	检测元素是否在集合或列表中	in(X,L)
init	表明局部变量初始化	init State=0
inv	逆密钥：给予公钥，返回私钥	inv(Ka)
intruder_knowledge	声明入侵者知识	intruder_knowledge={a,Kai}
list	有序值的集合的数据类型	
local	声明局部变量部分	local State: nat
message	普通类型的信息内容	
nat	自然数数据类型	
not	逻辑非	not(in(X,L))
owns	变量所有权：一个角色拥有一个变量，且只有这个角色可以更改这个变量	owns X
played_by	基本角色：用来指定代理扮演的角色	played_by A
public_key	公钥数据类型	
request	用来检测强认证	request(A,B,na,Na)
secret	用来检测秘密	secret(Key,A)/\secret(Key,B)
set	无序值的集合的数据类型	local S: text set init S={}
symmetric_key	共享密钥数据类型	
text	字符串数据类型	
text(fresh)	随机数数据类型	
transition	标志转换部分开始	
witness	用来检测认证	witness(B,A,na,Na)
wrequest	用来检测弱认证	wrequest(A,B,na,Na)

附录 A 综合设计任务

A.1 综合案例一

这一部分以此前各章所介绍的知识及其他相关领域资料作为知识背景,提供一个虚拟的设计方案,这一方案的具体设计需求如下:

某企业目前在北京、上海、香港、台北均设有分支机构,且总部位于香港。该企业目前希望通过 DMVPN 将其位于各地的站点连接起来。

该企业在香港总部设有一台 ASA 防火墙,企业领导希望出差在外的员工能够以这台 ASA 防火墙作为代理,安全地访问香港总部的 HTTP 服务器与 FTP 服务器。同时,这台 ASA 防火墙允许各分支机构对香港总部的内部设备发起 ping 测试。

此外,位于各地的 3 台路由器均只允许从各自所在的内部网络对其发起安全的管理访问。

该企业网络的大致环境如图 A-1 所示。

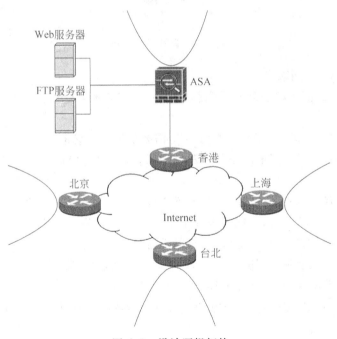

图 A-1 设计逻辑拓扑

作为开放性的设计项目,关于 IP 地址的分配、路由协议的选择、物理连接方式、如何模拟 Internet 及内部网络等均不作具体要求,但不允许在除 PC 之外的任何设备上使用默认路由。

在设计和实施时,应首先使用画图工具设计出该网络的逻辑拓扑,然后在实验室环境中组建相应的网络,并画出相应的物理连接方式。接下来对该网络进行配置和测试,在测试成功后,将拓扑、配置与测试结果作为统一的实施文档进行保存并提交。

A.2 综合案例二

某企业网络的大致环境如图 A-2 所示。

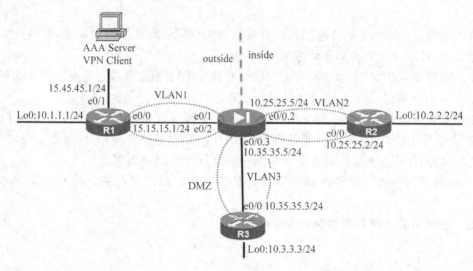

图 A-2 设计逻辑拓扑

该企业网络规划要求如下:

(1) 从 Inside 区能主动访问 DMZ 区,IP 地址不作转换,从分部(左边)和外网不能访问 DMZ 区。

(2) DMZ 区和 Inside 区安全等级为 100,需要能够相互访问。

(3) DMZ 区的服务器能把电子邮件和 DNS 请求转发到 Outside 区,除此而外不能访问 Outside 区。

(4) DMZ 区有 Telnet 服务器(10.35.35.3)、HTTP 服务器(10.35.35.4:8001)、POP3 和 SMTP 服务器(10.35.35.5)、DNS 服务器(10.35.35.6)需要让 Outside 区的用户进行访问;这些服务器的公网地址为 Outside 接口的地址。

(5) Outside 为冗余端口,用 e0/1 和 e0/2 接一台交换机,需要做成 Redundant。

(6) R1 可以通过 Telnet 访问到 R3,R3 作本地认证。

(7) 在 R1 和 R3 上配置 GETVPN,R3 角色为密钥服务器(key server),R1 角色为组成员(group member)。

(8) 在 ASA 上配置 Easy VPN,使得 VPN Client 能够访问总部内资源。